I0046354

DÉPÔT LÉGAL
Allier
2°56
1881

ÉTUDES

SUR LES CHEVAUX

DU LIMOUSIN, DE L'AUVERGNE ET DE LA MARCHE

8° S
2556

ÉTUDES
SUR LES CHEVAUX
du Limousin, de l'Auvergne
ET
de la Marche

Par le Commandant de SAINCTHORENT

ANCIEN DÉPUTÉ DE LA CREUSE

Dessins de Melle BLONDEAU

Je vous recommande particulièrement
le soin des juments; leur dos est une
place d'honneur et leur ventre un trésor
inépuisable.   MAHOMET.

MONTLUÇON
TYPOGRAPHIE ET LITHOGRAPHIE DE A. HERBIN
1881.

Je mets sous les yeux du lecteur le fruit de mes nombreuses recherches sur les Chevaux du Limousin, de la Marche et de l'Auvergne.

Je me trouverai suffisamment récompensé si je plais aux uns et si je suis utile aux autres. J'ai fouillé les archives et les bibliothèques de Paris; j'ai visité celles de Limoges, de Guéret, de Moulins, de Tulle, d'Aurillac et de Clermont. Celles de l'Auvergne renferment de nombreux documents, mais, au contraire, celles du Limousin, de la Marche et du Bourbonnais, sont pauvres sur la question chevaline.

J'ai demandé aux descendants des anciens éleveurs, mais ils ne m'ont rien fourni, la révolution ayant tout dispersé ou anéanti.

Je n'ai eu qu'un but en écrivant cet ouvrage, c'est d'être utile au plus grand nombre plus qu'à moi-même.

Non quœrens, quod mihi utile,
Sed quod multis.   (Ciceron).

ÉTUDES

SUR LES CHEVAUX

DU LIMOUSIN, DE L'AUVERGNE ET DE LA MARCHE

————✳————

CHAPITRE I.

PÉRIODE GAULOISE, ROMAINE, GALLO-ROMAINE, JUSQU'A CHARLEMAGNE.

La Gaule était autrefois habitée par des peuplades guerrières et agricoles. Parmi elles, au centre du pays, on voyait fleurir la redoutable confédération des Arvernes (*Arverni*), dont les Limousins (*Lemovices*), les Périgourdins (*Pétrocorii*), et autres étaient les clients.

Cette vaste association, comprise entre les limites des Berruyers (*Bituriges*), les montagnes du Forez, celles du Lyonnais et du Velay, le pays des Pictons (*Pictavi*), celui des Santons (*Santones*), des Rutènes (*Ruteni*), occupait, au milieu de grandes et petites montagnes, une contrée riche en hommes énergiques, productif en bestiaux (1) de

(1) Thierry. *Histoire des Gaulois.*

toutes sortes, notamment en chevaux nerveux et légers, de taille moyenne, sobres et durs à la fatigue.

Élevés sous un climat changeant, au milieu des neiges, des frimas, au fond des forêts qui couvraient à cette époque ces contrées, identifiés à la vie agreste et quelque peu sauvage des hommes qui les faisaient naître, ces rudes animaux nous apparaissent pour la première fois dans l'armée nationale de Vercingétorix, brisant tout sur leur passage, et, si renommés bientôt aux yeux de César, vainqueur de la Gaule, qu'il en forma des corps de cavalerie qui devinrent, avec la discipline de l'armée romaine, les plus redoutables parmi les barbares.

Avant la venue des Romains dans les Gaules, les peuplades dont nous nous occupons menaient la vie des peuples chasseurs et pasteurs. L'éducation, l'élevage des bestiaux de toutes espèces fut leur principale industrie (1). Ils engraissaient des troupeaux innombrables, ils élevaient des quantités de chevaux (2), ils entretenaient des haras sauvages ou demi-sauvages dans leurs vastes pâturages.

Le noble, le riche de cette époque, outre son habitation à la ville voisine, en possédait une autre à la campagne, dans les profondeurs des forêts, près des eaux, au milieu de vastes prairies. Là, entouré de sa famille, de ses amis, de ses clients, il y passait

(1) Thierry. *Histoire des Gaulois.*
(2) Grégoire de Tours.

les beaux jours de l'année, faisant soigner ses coursiers, ses nombreux troupeaux, ses meutes ; se livrant
au plaisir de la chasse qu'il aimait avec passion. —
« Les Gaulois, dit César, se délectent aux beaux che-
« vaux qu'ils paient un grand prix ». — C'était le
sanglier,le sauvage urus, qu'il courait dans la profon-
deur des forêts, l'urus, espèce de taureau sauvage, qui
se défendait avec vigueur de l'impétueux chasseur.

« Comme ces animaux, dit César, ont une agilité
« et une force surprenantes, comme ils n'épargnent
« ni les hommes, ni les bêtes qui se présentent devant
« eux, c'est par ce pénible exercice, c'est par cette
« chasse pleine de dangers que se formait la jeunesse,
« il était pour elle le prélude des plus brillantes entre-
« prises pendant la guerre » (1) ; aussi ceux qui avaient
tué un certain nombre de ces redoutables animaux
acquéraient-t-ils dans la nation une considération
toute particulière (2). Quels étaient donc, à cette époque éloignée de nous, les caractères de leur race de
chevaux, la façon dont ils l'élevaient ?

Les historiens anciens ne nous donnent aucun ren-
seignement précis à ce sujet. Pour arriver à une
déduction claire et nette sur ce point, nous sommes
obligés de juger par comparaison. La race vivait
presqu'à l'état sauvage, elle se nourrissait avec abondance quand les pâturages étaient couverts d'herbes ;

(1) César de Bello Gallico.
(2) Thierry. *Histoire des Gaulois.*

elle souffrait dans d'autres moments de grandes privations. Cette façon de vivre produisait des animaux sobres à coup sûr, durs, supportant de grandes fatigues, mais ils se maintenaient dans une position de taille exiguë. La race se reproduisait par elle-même, puisqu'il n'y avait d'autres étalons que ceux de la race elle-même.

Ces animaux étaient donc l'expression vraie du climat, du sol, de la nourriture, des services auxquels ils étaient employés, puisque rien ne venait les modifier, ni les croisements avec une autre race, ni les soins attentionnés et intelligents de l'homme.

L'agriculture en se développant change les animaux ; elle les rend souvent indépendants du sol ; mais l'agriculture n'existait pas à proprement parler chez ces peuplades. Ce mode d'élevage n'a rien qui doive nous étonner ; c'est l'habitude des peuples primitifs.

De nos jours, les choses se passent ainsi dans une partie de la Russie et dans les Pampas de l'Amérique. Les druides aussi, ces prêtres d'un dieu de sang, élevaient dans les forêts qu'ils habitaient, des taureaux et des chevaux blancs, des taureaux qui ne portaient jamais le joug et qu'ils immolaient sur leurs autels.

Nous allons passer de la période gauloise à la période romaine et gallo-romaine et nous verrons alors les modifications apportées à la race chevaline, par les croisements des étalons de l'Orient.

Les Romains avaient conquis la Gaule 50 ans avant Jésus-Christ; ils la gardèrent sous leur domination pendant cinq siècles. Ce peuple guerrier, politique, administrateur, se fit dans toutes ces vastes conquêtes le propagateur des améliorations de toutes sortes : culture, élevage, direction des eaux, positions stratégiques, arts, commerce et transactions. Les patriciens, en se fixant dans les Gaules, y avaient apporté tout le luxe et toutes les habitudes de Rome. Ils s'étaient placés dans les lieux fertiles, sur les rivières, dans les vallées riches en pâturages. Ils établirent des haras sur les bords du Rhône (1), en Auvergne, en Limousin, en Poitou.

Ce fut de cette époque que datèrent les premiers rapports avec les étalons d'Orient.

Après la pacification des Gaules, César plaça deux légions sous les ordres de Labienus, entre le pays des Arvernes et celui des Lemovices ; probablement, autant qu'on peut en juger, entre Aubusson et Tulle. Un grand nombre de légions romaines avaient été en Afrique, et la cavalerie qui les accompagnait, formée de Numides, fournit à nos contrées le premier germe du sang d'Orient. Un certain nombre de ceux qui ont écrit sur les chevaux nous parlent du passage d'Annibal dans les Gaules, et pensent que ses cavaliers

(1) Thierry. *Histoire des Gaulois.*

laissèrent un certain nombre de chevaux qui furent les premiers améliorateurs de nos races. Nous croyons que cette idée peut être vraie pour le bas de la Provence, pour les environs d'Arles où se trouve une race légère et distinguée, mais pas du tout pour les pays dont nous parlons, qui sont fort éloignés de la route que suivit le grand capitaine. Annibal, comme on le sait, traversa les Pyrénées 218 ans avant Jésus-Christ, descendit dans le pays des Volkes, traversa le Rhône deux journées au-dessus de la mer, marcha droit aux Alpes, remonta quatre jours la rive droite du Rhône et arriva au confluent de ce fleuve et de l'Isère. Là, il côtoie la rive gauche de cette rivière, puis celle du Thal, et enfin passe la Durance pour monter les Alpes.

Le sang d'Orient nous venait aussi par le commerce de Marseille avec la côte d'Afrique. « Marseille, dit « Saint-Grégoire de Tours, faisait un commerce très- « considérable d'épices, d'huile, de chevaux, qui lui « venaient de la côte d'Afrique » (1). Du reste, la civilisation de la Grèce nous arriva par les grands fleuves, et, avec elle, le développement du commerce intérieur.

Pendant les cinq siècles que les Romains occupèrent nos pays, jusque vers 470 de notre ère, ils ne négligèrent rien pour améliorer nos races de chevaux et leur donner toute la valeur dont elles étaient capables : croisements avec une race dont le sang était plus précieux, plus chaud, plus bienfaisant, amélioration dans

(1) Saint Grégoire de Tours. Livre 5.

la nourriture et les soins. Les haras sauvages des Gaulois disparurent avec une civilisation plus développée et firent place à des établissements mieux aménagés. Les Romains, en se mêlant aux Gaulois, s'étaient appliqués à diriger vers un but grandiose leurs forces et leurs intérêts.

Dans tous les pays soumis à leur domination, ils donnèrent l'élan à l'agriculture, ils y établirent de vastes haras, surtout dans les endroits de production comme ceux dont nous nous occupons.

Il y a une trentaine d'années, on a découvert, dans une des vieilles provinces d'élevage, l'emplacement d'un haras gallo-romain. Des bâtiments vastes et splendides, des cours spacieuses, des eaux jaillissantes, des fontaines, des jardins délicieux. L'entrée du haras était superbe; de vastes écuries, divisées en compartiments, donnaient sur des portiques à colonnades, où étaient soignés les reproducteurs. Rien n'y manquait; pas même la statue de la déesse Epona, protectrice des chevaux et des écuries.

Les médailles gauloises trouvées dans le pays des Lemovices et des Arvernes ne nous fournissent aucune trace, aucune indication sérieuse sur la forme des chevaux de ce temps.

A ces époques reculées de nous, les communications étaient difficiles, on sortait peu de son pays, les voyages se faisaient tous à pied, en litière ou à cheval. Les voies romaines qui couvrirent bientôt toute la

Gaule, rapprochèrent ces provinces les unes des autres, facilitèrent les transports en donnant au commerce une activité que ne connaissaient pas ces peuplades presque barbares. La civilisation romaine s'introduisit et s'infiltra dans ces natures diverses, qui devaient un jour, par leur réunion, faire un des plus grands peuples du monde.

Les rois de la première race imitèrent les vainqueurs des Gaules en s'attachant aux progrès hippiques qui les avaient devancés. Les Romains, en se retirant des Gaules, avaient laissé dans l'Arvernie et dans le Limousin une excellente race de chevaux, appropriée aux besoins de l'époque et déjà appréciée à leur juste valeur. Nous en avons la preuve dans une lettre écrite par Ruricius, évêque de Limoges (500), à son ami Sédatus, évêque de Nîmes, auquel il envoyait en cadeau un cheval de la précieuse race limousine :

« Je vous envoie un cheval de notre précieuse race « limousine, tel que je crois qu'il vous est nécessaire : « d'une douceur parfaite, sain de membres, d'une « vigueur éprouvée, de formes élégantes, d'une forte « structure, de grande haleine, d'une démarche assu- « rée, d'une docilité extrême, etc.... » (1).

Il est facile de voir, par cet écrit, que la race Limousine avait déjà à cette époque une grande valeur, qu'elle était appréciée, que ses qualités de force, de vigueur, que sa douceur, étaient reconnues.

(1) Extrait du *Thesaurus* de Basnages.

Nous touchons au siècle de Charlemagne; nous allons étudier cette grande figure, ce puissant guerrier, cet administrateur supérieur, qui ne trouvait pas indigne de lui de passer, à la Saint-Martin d'hiver, la revue des poulains dans ses provinces.

Avant de nous occuper de Charlemagne, il est utile de parler de la fameuse bataille de Poitiers (732). Cette victoire de Charles-Martel avait sauvé la monarchie française de sa ruine, l'Europe d'une invasion, et la chrétienté d'une extinction à peu près complète; car, partout sur leur passage, les Sarrasins avaient effacé les vestiges des mœurs et des croyances religieuses étrangères à la loi de Mahomet.

Abderrame, à la tête d'une armée de plus de 400,000 hommes, où il n'y avait guère que 150,000 combattants, le reste étant des femmes, des enfants et des vieillards, attaqua Charles-Martel, qui n'avait guère que 60,000 fantassins et 12,000 cavaliers. A cette époque encore, la cavalerie n'était pas ce qu'elle devint pendant tout le cours de la féodalité, une arme nombreuse, prompte et décisive dans les combats.

La mêlée fut terrible de part et d'autre. Charles-Martel avait tué une quantité énorme de Sarrasins. Abderrame leur vaillant chef y mourut. Les débris de son armée s'enfuirent en retournant dans le midi. Ils suivirent, selon toute probabilité, les voies romaines qu'ils trouvèrent devant eux, et se répandirent dans le Poitou, le Berry, la Marche, le Limousin et l'Auvergne. Beaucoup y restèrent et s'y établirent. C'est, dit-on, de cette époque que datent les manufactures de tapis d'Aubusson.

Dans cette multitude de cavaliers errants, il dut s'en trouver qui avaient des chevaux de valeur, qui vinrent de nouveau croiser nos races.

Nous arrivons enfin à Charlemagne, qui aimait avec passion la chasse et les chevaux. Il dressait lui-même ses destriers de bataille.

Il établit des rapports et des traités avec tous les peuples, et il n'est pas surprenant que dans un règne si occupé, de 768 à 814, il ne soit venu dans nos contrées des étalons d'Orient. La chose est même fort probable.

Lorsque ce grand roi visitait les provinces, les intendants du domaine (1) « étaient tenus d'amener au « palais où Charlemagne se trouvait, le jour de la « Saint-Martin d'hiver, tous les poulains, de quel- « qu'âge qu'ils fussent, afin que l'empereur, après « avoir entendu la messe, les passât en revue ».

Il récompensait donc les éleveurs comme les poëtes. C'était dans sa maison de Jocundiac, près de Limoges, qu'il faisait la revue des poulains des provinces du centre (1). Non-seulement Charlemagne s'occupait de visiter ses poulains, mais il donnait des ordres pour l'administration et la tenue de ses haras particuliers.

(1) Extrait des *Capitulaires* de Charlemagne.
(1) Extrait des *Capitulaires* de Charlemagne.

Ce grand roi se rendait compte de tout avec activité ;
de ses jardins, de ses métairies, de leurs produits,
faisant vendre au marché les œufs de ses domaines et
réglant avec sa femme ses affaires de ménage. Ce fut
la plus grande figure du moyen-âge. C'est l'homme
dont la vie a le plus profondément impressionné
l'imagination des peuples. Prince lettré, religieux,
guerrier, grand administrateur, il vit tout, il régla
tout avec son prodigieux génie.

Nous voulons, disait-il, que nos officiers prennent
grand soin des chevaux reproducteurs, c'est-à-dire
des étalons et ne leur permettent, sous aucun prétexte,
de stationner longtemps dans un même endroit. Et si
l'un d'eux est mauvais, ou trop vieux, ou qu'il meure,
ils doivent nous le faire savoir en temps opportun,
avant que l'époque ne vienne de l'envoyer parmi
les juments (1). Nous voyons, par cette déclaration,
que les haras n'étaient plus tout à fait sauvages comme
sous les Gaulois. Mais il y a loin, de là, à des établissement réguliers, comme ceux de nos jours. L'étalon
était, à la saison venue, lâché parmi les juments pour
les féconder.

Il ajoute : « ils doivent bien garder nos juments et
« séparer les poulains à temps et, si les pouliches vien-
« nent à se multiplier, elles doivent être séparées et
« réunies en un troupeau à part ».

(1) Extrait des *Capitulaires* de Charlemagne.

2

Voilà un progrès considérable d'accompli, la séparation des âges et des sexes.

Charlemagne fut le terme de la décadence et le commencement du progrès. Il fut la limite à laquelle s'est commencée la dissolution de l'ancien monde romain et barbare, et où commence la formation de l'Europe moderne (1). Les Sarrasins étaient venus en Espagne en 720. Des traités furent faits entre leurs chefs et Charlemagne.

Les historiens de cet époque, Eginhard entre autres, nous parle des nombreux cadeaux de chevaux d'Orient faits par eux à l'empereur. C'est par là surtout que les chevaux barbes et arabes vinrent en France pendant tout le moyen-âge.

(1) Guizot.

CHAPITRE II.

LA FÉODALITÉ. — LES CROISADES.

La féodalité était fondée ; les seigneurs, possesseurs des fiefs, occupaient le territoire. Cette organisation forte, énergique, qui a combattu toutes les invasions dirigées contre la France, avait une force
vraiment étonnante. La puissance était basée sur la
terre. Plus on en détenait, plus on était puissant.

Regardons un peu en arrière pour nous faire une
idée claire et exacte de ce moyen-âge, où les hommes
avaient l'esprit aussi vigoureux que le bras (1). Par
le droit d'aînesse, on centralisait dans les mains
d'un seul toute la fortune d'une maison. Il pouvait, dès
lors, avec assurance, suivre la direction d'une idée
commencée avant lui, la mener à bonne fin. Aussi,
tous les hauts barons avaient-ils des haras considérables, pourvus d'étalons Orientaux de la plus grande
valeur.

Il faut entrer chez un de ces grands seigneurs du
X° au XVI° siècle, dans un de ces châteaux féodaux,
dont les ruines nous étonnent encore par leur majesté
et leur splendeur.

Voilà le seigneur, il va partir en guerre, il donne le

(1) Châteaubriand. *Histoire de France.*

baiser d'adieu à la châtelaine, entouré de ses hommes d'armes, de ses chevaliers, damoiseaux, pages, écuyers, varlets et serviteurs.

C'est une véritable cour. Les chambres du château sont splendidement parées, le mobilier en est riche et somptueux ; mais quittons tout cela pour visiter les écuries voûtées, renfermant une foule de chevaux d'espèces et d'usages différents. Le gentilhomme ne pouvait monter ni un cheval hongre, ni une jument, sans déroger (1). « Aussi, ces vastes bâtiments ne « renfermaient-ils que des chevaux entiers, qui, « pour la plupart, étaient dignes de faire des étalons. »

Ici, voilà les fiers destriers venant de la Normandie, de Bretagne ou d'Allemagne ; plus loin, ce sont les légers palefrois du Limousin, de la Marche, de l'Auvergne ou de la Navarre, les douces haquenées des dames ou des damoiselles, qui sortent des mêmes provinces. Ailleurs, nous rencontrons les roussins ou roncins, moins distingués, plus forts, souvent *amblants*, qui portent les hommes d'armes dans leurs déplacements. Enfin, nous arrivons au sommier, au cheval de bât, lent, commun, qui porte les bagages et traîne les vivres. Tous ces puissants seigneurs possédaient un état de maison considérable. Voici ce que nous trouvons dans les mémoires d'Olivier de la Marche, de 1434 à 1488, au sujet des écuries :

(1) La Curne de Ste-Palaye.

« Le quatrième estat dans la maison est l'escuiyrie.
« C'est l'escuyer qui en gouverne l'office.

« Le comte a un escuyer d'escuiyrie, lequel a soubs
« sa charge plusieurs escuyers d'escuiyrie et a pouvoir
« et auctorité sur eux. L'escuyer d'escuiyrie doist avoir
« trois propriétés qui ne sont pas trop légères à ren-
« contrer ensemble : il doit estre puissant de corps,
« sage, juste, vaillant et hardy.... Il doist estre vaillant
« et hardy, parcequ'il doist, en armes, avoir l'étendard
« du seigneur, où l'on se rallie ; estre puissant de corps,
« parce que l'étendard est un puissant faix à porter.

« L'escuyer a juridiction sur ceux de son escuiyrie,
« les escuyers d'escuiyrie doivent mettre l'estrier au
« pied du seigneur et l'aider à monter, à descendre et
« tenir la bride de son cheval. Il doist estre bon che-
« vaucheur.

« Le seigneur a un palefrenier qui est le premier en
« l'escuiyrie.

« Il y a des varlets, en outre, qui donnent aveine,
« nettoyent chevaux, les estrillent, font les lictières et
« tiennent l'escuiyrie honnête ».

Un pareil état de maison nous montre facilement
quelle était la vie de ces grands seigneurs, qui, avec
leurs défauts inhérents à la nature humaine, savaient
si bien vivre et mourir pour la France, sans paroles et
sans discours, car ils mettaient en pratique ce dit-on :

« *Un chevalier, n'en doutez pas, doist férir hault et* « *parler bas.* » (1)

.Pendant tout le temps du moyen-âge, les écuries nombreuses des seigneurs, se remontaient pour leurs palefrois et leurs haquenées en Limousin, en Marche, Auvergne et Navarre. La production était assurée, puisque la vente, l'écoulement des produits, se faisaient naturellement. Ces chevaux, d'un sang précieux, d'une nature distinguée, se vendaient fort chers. Les éleveurs étaient nombreux, grands et petits y faisaient leurs affaires.

On s'est demandé à quelle époque le cheval limousin avait eu sa plus grande vogue, son moment le plus florissant ? Nous n'hésitons pas à répondre : A l'époque où il se trouvait des grands seigneurs qui le payaient ce qu'il valait.

Cette époque a duré jusqu'à la fin du règne de Louis XIV. Richelieu, voulant faire l'unité du pouvoir royal, tout centraliser dans les mains du souverain, écrasa les grands et détruisit leurs châteaux. Il les attira ensuite à la Cour, où, de véritables grands seigneurs, il en fit des courtisans. Une révolution semblable avait eu lieu en Angleterre, mais elle avait été faite par l'aristocratie, à son profit et au détriment du roi. Voilà pourquoi ce pays est prospère et que le nôtre ne l'est plus.

(1) Chroniques.

Les grands seigneurs, ayant quitté leurs donjons pour Versailles, laissèrent l'élevage des chevaux aux paysans. La race déclina vite ; car il n'est pas d'animal qui ait besoin de plus de soins que le cheval de race. Non-seulement la qualité diminua, mais aussi la quantité. On aima bientôt mieux élever des bœufs, des vaches, des génisses, des mulets, que de s'occuper des chevaux. C'est que le produit des bêtes à cornes et des mulets est moins aléatoire ; qu'il n'est pas nécessaire pour y réussir d'autant de précautions, de savoir et d'avance d'argent. Les grands maîtres de haras du moyen-âge avaient disparu, ne laissant ni leur science, ni leur argent, à ceux qui les remplaçaient.

Les guerres nombreuses de Louis XIV avaient consommé une grande quantité de chevaux et il fallait avoir recours à amener en France des animaux d'Allemagne, du Danemarck, de l'Espagne, de la Barbarie et autres pays étrangers, pour une somme qui excédait cent millions par chascun an.

Cette position, révélée au roi Louis XIV par son ministre Colbert, décida la création de l'administration des haras. Il fallait bien trouver un moyen de remplacer ce qui avait été détruit et celui-là parut le plus simple et le plus convenable. Nous verrons, dans les chapitres suivants, ce qui arriva en particulier pour le Limousin, la Marche et l'Auvergne.

Les guerres des Croisades sont le plus imposant spectacle du moyen-âge. Pendant un espace de cent cinquante-trois ans, l'Occident se rua sur l'Orient et plusieurs millions d'hommes moururent de part et d'autre, pour défendre leur foi religieuse.

Tous les grands seigneurs partirent pour combattre les Sarrasins, les rois à leur tête. Ils s'en allaient tous avec joie. Les grands, pensant se rendre à une fête, emportaient de riches tentes, se faisant suivre par des valets conduisant des faucons pour la chasse, des instruments pour la pêche.

Dans le Limousin, en Auvergne, en Marche, plus de deux mille gentilhommes se rendirent en Orient ou en en Afrique. Des auteurs prétendent que ce fut à leur retour qu'ils amenèrent dans nos contrées des étalons d'Orient ; que c'est de cette époque que date la rénovation de nos races. Le fait est peut-être douteux, car s'ils allaient dans les pays d'outre-mer, gais et contents, quand ils en revenaient ils étaient souvent pauvres et mendiants. Tout le monde connaît l'histoire de Richard Cœur de Lion, qui, quoique roi, subit les plus grandes infortunes. Notre avis sur ce sujet est simple et se fonde sur des données historiques certaines. Les guerres des Croisades n'amenèrent pas, par elles-mêmes, tous les étalons Orientaux dont on se plaît à parler, mais elles établirent avec l'Orient des rapports de commerce si considérables, qu'il est certain qu'il vînt après dans nos contrées beaucoup de chevaux des meilleures races de la Syrie. Nous les recevions par Venise, par Gênes, par Marseille, qui avaient des comptoirs dans tous ces pays. Quelques auteurs pensent que Guy et Bertrand de Royères, Pierre de Sédières et Jean de Bonneval, chevaliers croisés, furent assez heureux pour ramener dans leur pays des étalons Orientaux et que c'est à cette introduction que la race limousine doit son cachet et sa valeur.

Il semble plus probable que le croisement avec les étalons du midi eut lieu avec des chevaux barbes, qui nous venaient par les Maures d'Espagne. Cette appréciation semble avoir un côté de vérité assez saisissant quand on compare le cheval barbe et le cheval limousin. Ce dernier conserve un air de ressemblance fort marqué avec le premier, et c'est toujours avec des étalons barbes que la jument limousine a donné ses meilleurs produits. Jacques Cœur, ce puissant commerçant, ce grand argentier du roi Charles VII, contribua beaucoup à augmenter la force de notre commerce avec le Levant, au XV° siècle, et ne fut pas étranger à la venue en France d'étalons d'Orient. Ses vaisseaux sillonnaient de tous côtés la Méditerranée et rapportaient à Marseille des épices, des soieries et des chevaux (1).

Les gentilshommes aimaient beaucoup les chevaux barbes, arabes et espagnols, dont la souplesse, la force, la longue haleine, étaient nécessaires dans les tournois et les combats. Notre commerce en chevaux

(1) Raynal. *Histoire du Berry.*

était très actif avec l'Espagne, qui noùs amenait en Limousin des chevaux barbes, pour emmener en Andalousie des poulains limousins dont on terminait l'élevage et que nous rachetions à l'âge de cinq ou six ans comme chevaux andaloux.

CHAPITRE III.

APPARITION DE LA POUDRE. — ARMES A FEU.
CRÉATION DE LA CAVALERIE LÉGÈRE.
LOUIS XII, FRANÇOIS Ier, HENRI II, FRANÇOIS II,
CHARLES IX, HENRI III, HENRI IV.

Quand l'artillerie eut fait son apparition dans les armées, elle modifia bientôt non-seulement les moyens de défenses dans les châteaux et dans les villes, mais aussi les lourdes armures que portaient les combattants. Les chevaliers du moyen-âge, tout couverts de fer, ainsi que leurs chevaux, furent bientôt remplacés par une cavalerie moins pesante. Ce fut l'époque où parurent les Stradiots, les Lansquenets, les Carabins et les Dragons. Ils étaient montés sur des chevaux de taille moyenne et d'allures rapides.

Sous François Ier, Henri II, Henri III, Henri IV, ce ne furent plus les dextriers qui eurent la vogue. Les palefrois du moyen-âge vinrent les remplacer et monter cette noblesse brave et dévouée qui sut si bien mourir pour la France et pour le roi.

Les grands seigneurs existent toujours, ils habitent leurs terres, ils sont soldats, agriculteurs et surtout grands éleveurs de chevaux. Richelieu n'a pas encore paru.

Dans les provinces du Limousin, de l'Auvergne et de la Marche, les haras sont nombreux. « Il n'est pas « plus petit seigneur qui n'ait sa cavale et ne produise « chevaulx » (1).

C'est encore le beau temps de l'élevage ; on produit beaucoup, tout se vend, tout s'écoule ou s'emploie. Le cheval est réussi, car il vient d'un père et d'une mère de bonne race. Il se vend facilement, car les acheteurs sont nombreux et paient cher. Les écuries des grands seigneurs, des abbayes, des parlements, consomment une grande quantité de chevaux. Les étalons arabes, barbes, arrivent de tous côtés, d'Espagne, de Marseille, de Gênes, de Venise, dans les provinces, pour relever et maintenir nos races déjà si belles.

Le cheval limousin est dans toute sa splendeur, l'élevage est considérable ; au siècle d'Henri IV et de Louis XIII, il continue à prospérer. Mais, quand la hache de Richelieu eut tué les grands feudataires, que les châteaux furent renversés, les grandes écuries se dépeuplèrent et les soins des nobles palefrois, des fières haquenées, tombèrent aux mains des laboureurs et des petits propriétaires.

Il y eut une diminution considérable et rapide dans le nombre des chevaux. Non-seulement la quantité fut bien moindre, mais la qualité aussi fut inférieure. La

(1) Mémoires du temps.

consommation fut moins grande, car les besoins
avaient baissé.

On ne vit plus, comme autrefois, les grands tenanciers tenir cour, avoir un appareil de chiens et de
chevaux nombreux, faire de fréquentes cavalcades, de
grandes réjouissances, se visiter de châteaux à châteaux.

L'avènement au trône d'Henri IV, en réunissant
tous les partis, mit fin aux guerres intérieures. Ces
gentilshommes, qui étaient de si rudes batailleurs,
tournèrent leur esprit et leurs facultés du côté des arts
de la paix. Ils s'occupèrent d'améliorations agricoles
et d'élevage de bestiaux. Ce fut une époque favorable
pour les races légères du midi et surtout pour celles du
Limousin, de la Marche et de l'Auvergne.

La cavalerie légère, en France, ne remonte qu'à
Louis XII, surnommé *le père du peuple* (1498-
1515).

Le maréchal de Fleuranges nous dit dans ses
mémoires, que Louis XII avait deux mille stradiots
dans l'armée qu'il conduisit en Italie. Ils portèrent les
noms de Stradiots ou Argoulets, ou celui générique de
Chevau-légers.

Ils étaient recrutés un peu partout et Brantôme les
appelle aventuriers de guerre. Ils étaient armés d'une
façon légère. Ils montaient des chevaux rapides comme
l'éclair, choisis dans nos races du Limousin, de la
Marche, de l'Auvergne et de la Navarre. « Ils étaient

« meschants, flagitieux, abandonnés à tous les vices,
« larrons, meurtriers, rapteurs, mais bons combat-
« tants. » (1)

Le poëte Marot, qui avait vu ces étrangers en 1507,
leur consacre les vers suivants :

> Estradiots, au son de leurs bedons,
> Courent chevaulx, font bruire leurs guidons,
> Saillent en l'air, vont de si roide sorte,
> Qu'il semble que tempête les porte.

François Ier suivit l'exemple de Louis XII et entre-
tint des corps de chevau-légers considérables (1515-
1547).

Henri II possédait trois mille chevau-légers (1547-
1549).

Henri IV augmenta beaucoup ce corps de troupe
(1589-1610).

Louis XIII eut aussi une cavalerie légère nombreuse
(1610-1643).

Louis XIV possédait soixante régiments de cette
arme, mais ils n'étaient pas aussi nombreux que ceux
de nos jours (1643-1715).

Ce n'est qu'à partir de 1740 que commence l'ère de
la cavalerie légère.

Le maréchal de Montluc, qui avait fait la guerre un
peu partout (1521 à 1576), en Italie et en France, où

(1) Brantôme.

il châtiait violemment les huguenots, disait, en parlant des chevaux: « Ceux du Limousin sont des gentilshommes, ceux d'Espagne des princes ». Il se servait aussi des chevaux turcs, mais il ne parle point des animaux des autres races pour monter un homme de guerre.

Il avait sous ses ordres, dans la guerre de Guyenne, des compagnies d'argoulets ou chevau-légers commandées par monsieur de Saincthorent, *qui estaient montés en chevaulx ez Limosins et Gascogne.* Pendant toutes les époques où la cavalerie légère a joué un grand rôle dans les combats, nos races furent prospères, parce qu'elles étaient recherchées, employées ; que le producteur trouvait facilement à se défaire de ses produits. Quand un objet, quel qu'il soit, est demandé par le commerce, qu'il a un écoulement certain, rapide, un prix rémunérateur, on peut être assuré d'avance qu'il se trouvera toujours des gens pour le créer ; au contraire, si la vente devient difficile, il est bientôt abandonné.

A coup sûr, de 1700 à 1789 les chevaux du Limousin, de la Marche et de l'Auvergne, étaient très-demandés, leur réputation était universelle.

Les nombreuses écuries du roi, des princes, des grands seigneurs, étaient remplies de ces animaux. Plusieurs régiments de hussards, de dragons se remontaient dans ces provinces. On prétend que Madame de Pompadour, avant d'être la maîtresse du roi, se promenait près de Versailles, dans une conque

élégante de cristal, traînée par deux chevaux limousins alezans, de la plus grande beauté.

CHAPITRE IV.

LOUIS XIII, LOUIS XIV, LOUIS XV ET LOUIS XVI
DE 1610 A 1790.

Henri IV venait de mourir, frappé par le poignard
de Ravaillac (1610). Louis XIII, son fils, âgé de neuf
ans, lui succédait sous la régence de sa mère, Marie de
Médicis, princesse d'un esprit faible et sans portée.
Pendant les premières années de ce règne, le commerce des chevaux de selle du Limousin, de l'Auvergne et de la Marche, fut considérable. Non-seulement
les élèves se vendaient pour la France, mais aussi à
l'étranger pour les princes, pour les manèges, tant on
estimait leur force, leur souplesse, leur vigueur et
surtout la longue durée de leurs services. On montait
toujours beaucoup à cheval, les chemins étaient mauvais, difficultueux, impossibles aux voitures, et,
quoique le grand voyer du règne de Henri IV, le duc
de Sully, eut fait réparer *chemins et ponts dans tout
le royaulme*, il n'avait pourvu qu'au plus pressé et
fait travailler sur les grandes lignes, comme celles de
Paris à Limoges, de Paris à Clermont, pour assurer
le transport des marchandises et faciliter aux *messa-*

3

giers leur travail. Mais lorsqu'on entrait dans l'intérieur des provinces, on était obligé de *cheminer lentement et à cheval*. Louis XIII aimait beaucoup les chevaux et était un amateur passionné des *déduits* pe la chasse. Cette nature froide, un peu taciturne, se réveillait alors et montrait une énergie, une adresse incroyable, dans les excercices du corps et les périls de la lutte avec les animaux.

Ses écuries étaient nombreuses, pleines de chevaux de la plus grande valeur. Ce fut l'époque où les dextriers devinrent des chevaux de carosse et les palefrois des chevaux de guerre. L'artillerie avait modifié l'armement de la cavalerie. Il n'était pas rare encore à cette époque, de voir des éleveurs posséder des centaines de chevaux, et souvent des compagnies de gens d'armes se remontaient dans deux ou trois maisons (1).

Les grands seigneurs, même les plus hauts placés par leur naissance et leurs mérites, tenaient à honneur d'avoir une place dans les écuries du roi. Aussi la charge de grand écuyer était elle fort enviée. Cinq-Mars, le fameux Cinq-Mars, était écuyer de la petite écurie.

Mais tout se modifia bientôt, et nous avons vu qu'en 1639, le conseil du roi, frappé de la dégénérescence des races, avait pris un arrêté pour fonder les haras de l'Etat.

(1) Houel.

Louis XIII mourut jeune, en 1643, et son fils mineur, âgé seulement de cinq ans, lui succéda sous le nom de Louis XIV. Ce prince, d'un caractère élevé et hautain, devait bientôt donner la mesure de ses idées et de ses volontés en entrant au parlement, botté, éperonné et le fouet à la main. Ce fut en 1665 que Colbert fit comprendre au roi qu'il était utile et indispensable de reprendre les idées émises dans l'arrêt de 1639, et de constituer définitivement les haras.

La France de Louis XIV était encore habitée par des grands seigneurs, riches, aimant le faste à l'imitation de leur souverain, possédant de vastes domaines, des équipages de chasse considérables. Mais ils demeuraient presque toujours à la Cour, ils y remplissaient le rôle de courtisans, et n'étaient plus, comme leurs ancêtres, retirés dans leurs châteaux pour y mener une vie somptueuse et indépendante. La politique de Richelieu, au lieu d'élever leurs caractères au profit du bien de la nation, les avaient amoindris, décimés et avilis.

Leurs haras nombreux avaient conservé, malgré leur éloignement, un reste de splendeur et de beauté.

Aussi, avec les encouragements donnés de tous côtés par l'Etat, voyons-nous nos races légères du Limousin, de la Marche et de l'Auvergne, fournir aux plus grandes exigences. C'était le service des écuries du roi, la remonte de celles des princes, des gardes du corps, des Maisons Rouges, des régiments de l'armée. Chacun de ces services avait son manège particulier commandé par des écuyers expérimentés.

Non-seulement les hommes montaient à cheval, mais les femmes aussi se faisaient remarquer dans ce genre d'exercice et couraient avec intrépidité aux chasses du roi.

« Toujours active et matinale, Madame de Mailly
« assistait aux chasses du roi, aux courses des forêts.
« Elle était fort bien à cheval et hardie, et s'y tenait
« de fort bonne grâce. Timide femme, elle attaquait
« de force le sanglier ou prenait le cerf agile. (1)

C'était encore Marie-Anne de France, princesse de Conti, la duchesse d'Orléans, Mademoiselle de Soubise, Madame de Chabot, épouse de François de Rohan, prince de Soubise, Philis, la Tour du Pin, la Charce, qui fit armer, sous les ordres de Catinat, les communes de sa juridiction et les conduisit elle-même à l'ennemi; enfin, Mademoiselle de Montpensier (Marie-Louise d'Orléans), dite la grande demoiselle, qui se charge, dans ses mémoires, de nous apprendre elle-même son goût prononcé pour la chasse et l'équitation. Elle était née au Louvre en 1627, et en 1654, à l'âge de 27 ans, elle fit venir des chiens courants d'Angleterre. Elle chassait trois fois par semaine, quoique ses chiens fussent trop vites pour la plupart

(1) Mémoires du temps.

des femmes. En 1667, on sait qu'elle fut exilée au château de St-Germain-Beaupré, en basse Marche, chez le marquis de Foucauld St-Germain, et qu'elle y resta quelque temps. « J'y fis la plus grande chère du « monde, écrit-elle, surtout en poissons d'une gros- « seur monstrueuse, qu'on prend dans les fossés. »

Ce fut à St-Germain qu'elle prit le goût du cheval limousin, au milieu de ce beau haras qui y existait alors dans toute sa splendeur. Plus d'une fois elle a traversé au galop de son cheval, derrière les chiens du noble châtelain, nos landes et les guets de nos rivières. La forêt de St-Germain, si belle autrefois, si mutilée maintenant, si giboyeuse, l'a vu bien des fois courir le loup, le sanglier ou le chevreuil.

Ces exercices vigoureux entretenaient chez nos an- cêtres une force et une santé que la plupart des hommes et des femmes de notre siècle ne possèdent plus. « Les exercices violents accroissent les forces « et adextrent le corps. »

Nous lisons dans les mémoires de St-Simon : « Le « duc de Lauzun, peu de mois avant sa dernière ma- « ladie, à l'âge de plus de quatre-vingt-dix ans, dres- « sait encore des chevaux. Se trouvant au bois de « Boulogne, il fit des passades devant le roi, qui « allait à la Muette, sur un poulain qu'il venait de « dresser et qui à peine l'était encore, où il surprit « les spectateurs par son adresse, sa fermeté et sa « bonne grâce. »

Louis XIV était lui-même un savant écuyer.

Malgré les cent millions et plus, dépensés pour l'achat de 500,000 chevaux de 1688 à 1700, la race limousine soutenue, relevée, ne manqua pas à sa mission et fournit les plus beaux étalons, les plus belles remontes. Le sang barbe, versé à profusion, lui donna une nouvelle valeur, une nouvelle puissance.

Louis XIV mourut en 1715 et fut remplacé sur le trône de France par son arrière-petit-fils, sous le nom de Louis XV. Comme son aïeul, il devenait roi de France à l'âge de cinq ans, sous la régence de Philippe, duc d'Orléans.

Ce jeune prince, élégant, aimable, frivole, brave comme tous les Bourbons, aimait les chevaux et la chasse avec passion. Son règne est le plus ravissant reflet de l'esprit gentilhomme, esprit perdu, enseveli sous les plis de l'antique cornette blanche. Le gentilhomme allait au feu en manchettes, poudré à la maréchale, les eaux de senteur sur son mouchoir en points d'Angleterre. L'élégance n'a jamais fait tort au courage et la politesse s'allie noblement à la bravoure. Louis XV était lui-même le type du parfait gentilhomme, de l'homme de cheval le plus distingué qu'on pût imaginer. « Il se tenait si bien à cheval, d'une façon si « solide et si gracieuse, qu'il s'y montrait supérieur au « maréchal de Saxe, qui, de l'aveu de tout le monde, « était le premier cavalier de l'armée. »

On vit paraître sous ce règne, Robichon de la

Guéronnière, de Nestier, Dupaty de Clarn, Montfau-
con de Rogles, et le fameux Bourgelat, qui fut non-
seulement écuyer, hippiatre, mais aussi un véritable
savant. A cette époque, tous les jeunes gens bien nés
faisaient leur académie; aussi, on rencontrait dans nos
vieilles provinces, des hommes de cheval des plus distingués, qui avaient étudié plusieurs années, soit à
Paris, à Angers ou autres lieux.

Ils portaient ainsi dans leurs pays les notions exac-
tes d'une science si variée et où il est si difficile
d'acquérir un renom mérité.

Louis XV s'occupa beaucoup de l'amélioration de
nos races de chevaux. Le Limousin, la Marche,
l'Auvergne et la Normandie, eurent toutes ses préfé-
rences. De grands achats étaient faits dans ces provinces pour les écuries du roi et le manège de Versailles. Aussi, quand il mourut, en 1774, laissa-t-il ces
pays dans une prospérité toujours croissante.

Louis XVI lui succéda sans conteste, esprit ordinaire, caractère bon et bienveillant, manquant de
décision, d'à-propos et d'exécution, ami et père véritable de son peuple. Il mourut après dix-huit ans de
règne, comme un saint et comme un martyr. Il avait
payé de sa vie toutes les fautes commises par ses pré-
décesseurs.

Tout marcha doucement sous ce règne pour le fait
des haras. Nos races du Limousin, de la Marche et de
l'Auvergne avaient toute leur splendeur. Le commerce

en était considérable et les pays, nos voisins, venaient souvent acheter des étalons et de belles poulinières. La Prusse surtout fit pendant plusieurs années des achats nombreux. Cette partie de la France était riche en chevaux lorsque la révolution éclata, et il n'était pas difficile de trouver à la foire de la St-Loup, à Limoges, 500 ou 600 poulains de 2 à 4 ans, et autant à celle de la St-Georges, à Chalus.

CHAPITRE V.

CRÉATION DES HARAS. — RÉGLEMENTS.
ORGANISATION DES ÉTALONS ET HARAS PARTICULIERS.
DESTRUCTION DES HARAS EN 1790.
EMPIRE, RESTAURATION, ETC.

La France du moyen-âge avait, sur tous les états de l'Europe, une supériorité incontestable dans l'élevage des chevaux, et cette prospérité venait surtout de l'état social et des mœurs de l'époque. Les grands producteurs étaient aussi les grands consommateurs. Ils élevaient les animaux avec un soin parfait et une rare intelligence. Rien ne leur était inconnu de la science hippique, qu'ils avaient apprise en naissant. Ils avaient, en suçant le lait de leurs mères, vécu au milieu des chevaux; ils étaient devenus presque tous des écuyers remarquables par le savoir et la pratique.

A cette époque, un gentilhomme, même des plus grandes maisons, pouvait ne savoir ni lire ni écrire; mais il avait appris, à coup sûr, à manier son cheval *à tous airs,* à se servir de la lance, de la dague et de l'épée.

Ces grandes existences, sans cesse occupées de guerre ou de chasse, trouvaient leur intérêt, leur plaisir, leur force, leur gloire, à produire et à perfectionner sans cesse le principal instrument de leur puissance. (1)

La nécessité, cette mère féconde de l'industrie, leur commandait de s'occuper avec zèle et activité de leurs nombreux haras. L'arabe ne produit un cheval excellent, parfait, puissant dans tous ses organes, que parce qu'il l'élève dans un but qui lui est utile et particulier, et pour des exigences qui lui sont propres.

Ce ne fut qu'à l'époque où les grands maîtres de haras du moyen-âge disparurent sous la hache de Richelieu, que le gouvernement commença à se préoccuper, à s'inquiéter des moyens nécessaires pour faire produire à la France les chevaux dont elle avait besoin.

Les grands seigneurs avaient donc quitté leurs terres pour la Cour. De soldats intrépides, d'éleveurs distingués, ils s'étaient faits courtisans. On ne vit plus alors dans le pays ces puissantes cavalcades, ces réunions considérables, car c'était le temps des visites des châteaux : « *dont ils estoient sans nombre,*

(1) Gayot.

« *faisant petites journées et grandes despences.* » (1)

Elles déplurent à la politique du temps, qui les supprima (2). L'éducation des fiers palefrois, des superbes haquenées, passa aux mains des fermiers, des paysans, et il est facile de comprèndre que tout déclina bientôt faute de soins, de savoir, d'intelligence et d'argent.

Ce fut à cette époque que l'Angleterre, forte de son aristocratie et de sa richesse, gagna le sceptre hippique, car l'élevage du cheval est essentiellement aristocratique. (3)

Les races françaises perdirent leurs brillantes qualités. Les chevaux du Limousin, de la Marche et de l'Auvergne, si célèbres pendant des siècles, dégénérèrent rapidement.

La situation s'aggrava. Des millions sortaient chaque année du royaume pour subvenir à l'entretien de l'armée et aux services divers.

Le gouvernement de Louis XIII, frappé de la dégénérescence des races, de la destruction des haras des grands seigneurs, cédant aux conseils d'une politique sage et prévoyante, rendit en 1639 un édit qui organisait les haras aux frais de l'Etat.

Mais rien ne résulta de cette décision. Ce ne fut

(1) Froissard.
(2) Gayot.
(3) Gayot.

que vingt-cinq ans plus tard que le grand Colbert revint à la pensée d'une organisation forte et puissante. Il constitua donc les haras par un arrêt du Conseil rendu le 17 octobre 1665.

« Le roy, voulant prendre un soin tout particulier
« de restablir les haras dans son royaume, ruinez par
« les guerres, mesme de les augmenter, afin que les
« subjets de Sa Majesté ne soient plus obligez de
« porter leurs deniers en pays estrangers, a fait
« visiter les haras qui restent et les lieux propres
« pour en establir, achepter des chevaux entiers en
« Frise, Hollande, Danemarck et Barbarie, pour
« servir d'estalons... et distribuer les Barbes en
« Poitou, Xaintonge et Auvergne. »

Ces étalons du roi étaient confiés aux soins et à la garde des propriétaires honorables, dans les différentes provinces. Mais afin d'obliger et d'encourager les particuliers qui se chargent des étalons, Sa Majesté leur accorda des privilèges nombreux, afin de les indemniser des soins qu'ils prendront pour le service public. Ce fut monsieur de Garsault, écuyer de la grande Écurie, qui fut chargé de distribuer ces étalons dans les lieux les plus propres des provinces, et de choisir les particuliers dignes de remplir cet office, en ayant soin de leur délivrer des certificats portant leurs noms, prénoms et demeures. Ces certificats devaient être enregistrés aux greffes des élections.

Ceux qui étaient chargés du soin et de la garde des étalons devaient être déchargés de tutelle, curatelle, logement des gens de guerre, guet, garde des villes, de la collecte des tailles, et de trente livres d'icelle sur chaque année. Les étalons devaient être marqués d'un L couronné à la cuisse. Chaque garde-étalon était autorisé à prendre cent sols de chaque cavale servie au haras. Les juments et poulains qui naîtront seront aussi marqués sur la cuisse et ne pourront être saisis pour dettes. Voilà des avantages, des privilèges sérieux accordés aux gardes-étalons. Il le fallait pour exciter l'émulation et donner à chacun l'énergie de bien servir le roi et par suite le bien public.

Il se trouva bientôt quantité de personnes qui s'offrirent à tenir des étalons, pour jouir et profiter des privilèges accordés. Ces propositions, acceptées dans les provinces avec plaisir, donnèrent lieu à l'arrêt du 29 septembre 1668, qui renfermait les dispositions suivantes :

« Après avoir répété les conditions signalées à son édit de 1665, Sa Majesté déclare offrir à ceux qui voudront avoir des étalons à eux, les mêmes avantages que ceux qui détiennent les étalons du roi. Tous ceux donc qui, à l'avenir, désireront tenir des étalons leur appartenant, seront tenus d'en faire la déclaration aux greffes des élections dont ils dépendent.

Il est défendu à toutes personnes, de quelque qualité

et de condition qu'elles soient, de tenir aucuns étalons, qui *n'ayent esté veus, approuvé et marqué*, à peine de confiscation des étalons et de 300 livres d'amende. Il est également défendu de faire saillir de trop petites cavales, aveugles ou incapables de porter de bons poulains, sous peine de confiscation, d'amende et de pertes des privilèges accordés.

Malgré toutes les précautions prises, tout n'avait pas été prévu ; aussi monsieur le marquis de Seignelay, qui avait succédé à Colbert, son père, dans la charge de la direction des haras, fit donner un troisième arrêt le 28 octobre 1683.

Il y est dit : que chaque année, au 15 mars, il sera fait, dans chaque paroisse, à la diligence des procureurs, un rôle de tous les chevaux entiers ou cavales propres à la reproduction, contenant les noms et demeures de ceux auxquels ils appartiennent, à peine de 50 livres d'amende. Ce document se complète par l'ordre positif de faire couper tous les petits chevaux entiers qui ne peuvent pas servir d'étalons, à l'exception de ceux des rouliers ou messagers ordinaires. Si cette clause n'était pas exécutée, on y pourvoirait aux frais des particuliers et à la diligence des commissaires des haras. De plus, aucun étalon ne pourra saillir qu'à quatre ans révolus.

Les mesures prises étaient sévères. Elles paraîtraient à notre époque vexatoires et contraires au principe de la liberté et du droit de propriété. Mais il faut se reporter au temps où cet arrêt fut pris. La chose sembla très-ordinaire et elle était utile au succès et à la réussite de l'organisation des haras.

Monsieur le marquis de Seignelay mourut en 1690. Il laissa la place à monsieur de Louvois, qui lui-même succomba peu de temps après lui. Ces deux ministres habiles ne furent pas remplacés. Les grands projets qu'ils voulaient exécuter ne le furent pas malheureusement, car les hommes d'Etat et les grands administrateurs ne se trouvent pas facilement.

La direction des haras voulait donc, par les secours de l'Etat, reconstruire ce qui avait été détruit par Richelieu, fournir à l'industrie privée les types les plus précieux, qu'elle ne pouvait pas se procurer par elle-même, l'aider à produire les étalons ordinaires qu'elle pouvait élever, en l'encourageant par des primes, et enfin appeler les particuliers à fonder de nouveaux haras dans leurs propriétés, afin de réunir dans un seul faisceau nos races distinguées, et ainsi faire produire par un plus grand nombre ce que fournissaient les grands éleveurs du moyen-âge.

Colbert avait bien compris que les nouveaux tenanciers du sol n'avaient plus les ressources immenses de ceux qui les avaient précédés, et qu'ils ne pouvaient pas se procurer par eux-mêmes des chevaux d'élite des races d'Orient. Aussi, dans son plan, chargea-t-il l'Etat de cette importation. Nos races s'étaient gran-

dement détériorées, elles se relevèrent sous la vigoureuse impulsion qui leur fut donnée.

Nous allons voir maintenant la direction que prend
l'administration des haras.

Les arrêtés pris depuis 1665 sont nombreux, nous
en donnons la liste :

Arrêt du 17 octobre 1665.
— 29 septembre 1668.
— 28 octobre 1683.
— 29 octobre 1689.
— 24 mai 1695.
— août 1705.
— septembre 1706.
Et déclaration du 27 septembre 1709.

En 1717, le 22 février, tous les arrêts sont revus,
révisés et augmentés. Cet arrêt de 1717 est accompagné d'une instruction adressée aux intendants sur le
fait des haras. L'administration des haras était dévo-
lue dans les généralités aux intendants, qui avaient
sous leurs ordres des commissaires, des inspecteurs,
des gardes-haras, et des gardes-étalons.

L'instruction donnée à messieurs les intendants et
commissaires départis dans les provinces, était fort
longue :

« L'achapt et la nourriture des estalons, avec la
« dépense de l'entretien d'un valet, estant une charge
« onéreuse pour ceux qui s'en occupent, il est utile
« de les dédommager par des grâces particulières.

« Aussi, le roi a-t-il bien voulu leur accorder plusieurs
« privilèges. »

Les exemptions étaient considérables, elles furent
souvent contestées, et l'arrêt du roi du 27 septembre
1709 eut pour objet de remédier à certains inconvénients.

Il était utile, on le comprendra, d'assurer la jouis-
sance facile et complète des privilèges accordés ; car
sans cela les gardes-étalons auraient remis leurs commissions, et il n'était pas toujours commode de trouver
à les remplacer. On engageait bien partout les plus
riches fermiers à se faire gardes-étalons, mais on y
réussissait pas toujours.

Les cavales annexées aux étalons approuvés ou à
ceux du roi, leurs poulains et pouliches étaient exempts
de toute saisie (1). On voulait ainsi donner à l'industrie
de l'élevage un puissant encouragement. On s'occupait
aussi dans les instructions, du choix des étalons convenables à la nature du pays, car c'était une chose
essentielle au progrès des haras, et l'on peut citer pour
exemple que les Barbes, si propres au Limousin,
auraient perdu les haras de Bourgogne.

L'article 16 n'admet pas que l'on puisse faire
saillir un jeune cheval avant l'âge de cinq ans, mais
il permet d'en assurer avant l'approbation.

L'article 18 parle de la nécessité de ne pas laisser

(1) Arrêts de 1665, 1668, 1683.

4

aux propriétaires de juments le choix de l'étalon. Aujourd'hui une pareille restriction semblerait bien étonnante, et il serait bien difficile d'en obtenir l'application. Pourtant, au fond des choses, cette décision n'a rien de surprenant dans une organisation formée comme celle des haras, car elle assure l'amélioration bien entendue de l'espèce.

Ces instructions, fort détaillées, renferment un grand nombre d'articles très-utiles à l'amélioration des races, comme la répression des mauvais petits chevaux, qui ne produisent rien de bon et qui, au contraire, jettent le désordre où les beaux étalons font du bien.

Les étalons et les juments annexés doivent toujours être marqués d'un L couronné (Art. 22). L'article 27 recommande des visites fréquentes chez les gardes-étalons, afin d'être assuré que les réglements sont bien exécutés. Enfin l'article 30 autorise la nomination de gardes-haras, préposés à la recherche et à la constatation des délits ou contraventions aux réglements des haras.

Les propriétaires qui feront servir des étalons non approuvés ou des petits chevaux, doivent être rigoureusement poursuivis et punis. Il est indispensable de surveiller la direction des chevaux, car les haras sont un bien commun pour *tous les subjets de l'Estat*.

Nous avons vu que Messieurs les intendants étaient chargés dans les provinces de la direction des haras.

Ils avaient sous leurs ordres : 1° les commissaires des haras ; 2° les gardes visiteurs ; 3° les gardes-haras ; et enfin, au bas de l'échelle, les gardes-étalons.

Sur l'ordre des intendants, chaque année, les commissaires inspecteurs des haras faisaient établir un dénombrement des pacages, pâturages, prairies, la quantité des juments propres à porter des poulains, le nombre d'étalons nécessaires, sans excepter du rôle des juments *celles des gentilshommes, curez, prestres, moines et communautés, depuis l'âge de deux ans.* Une copie devait être envoyée au conseil du dedans du royaume.

Ce recensement était utile pour pouvoir fixer d'une façon claire, nette et précise, le nombre d'étalons nécessaires dans chaque province.

Les commissaires devaient faire deux tournées par an. Ils soumettaient à l'intendant leurs observations sur chaque élection, donnaient des détails très-circonstanciés sur les pays de leur inspection. Ils visitaient aussi les foires pour s'enquérir du nombre et de la qualité des animaux qui s'y vendaient, leurs pays de naissance et le prix de la vente. C'était le seul moyen vrai, pratique, de savoir si l'amélioration marchait et ce qui pouvait l'accélérer ou la retarder.

Dans les arrêts, rien n'était oublié.

Les gardes-étalons reçurent aussi des instructions. Elles renfermaient les soins à donner à l'étalon, son régime alimentaire, l'époque et la durée de la monte, la quantité de juments qui devaient être saillies.

Chaque garde-étalon avait une copie du règlement et devait s'y conformer en tous points.

Les étalons devaient être montés et exercés chaque jour, pendant quelques heures, afin qu'ils ne perdissent pas leur vigueur d'action et leurs forces dans un état de repos et d'inactivité, toujours nuisibles à la santé.

L'ordonnance du 20 avril 1719 autorise les propriétaires à former des haras particuliers, et à passer à ce sujet des actes devant notaire avec messieurs les intendants. Nous prenons au hasard un de ces traités pour en citer les conditions et en donner la forme.

« Messire Claude le Blanc, chevalier, seigneur de « Passy, conseiller du roy, intendant de justice, « police et finances d'Auvergne, et Deyroux, escuyer, « commissaire des haras de la basse Auvergne, agis- « sant pour Sa Majesté, par ordre de monsieur de « Pontchartrain, avec messire François Carman- « trand, seigneur de Bézance, résidant à Clermont, « s'oblige, avant le mois de may 1708, d'avoir, dans « son domaine de Bonnancontre, paroisse de Coupière, « et au domaine de la Cormède, de l'élection de « Clermont, un étalon et quinze juments poulinières. »

Les propriétaires qui avaient pris l'engagement de tenir un haras avec étalon, étaient contraints, par leur traité, d'avoir l'étalon désigné, le nombre des juments fixées, qui devaient être marquées et non ferrées, et si elles sont ferrées, les inspecteurs ne doivent pas les comprendre sur leurs états. Ces juments doivent se trouver placées où est l'étalon ou dans des lieux à proximité.

Si une ou plusieurs juments viennent à périr, il faudra en faire dresser procès-verbal par les consuls en charge, qui devront signer, ou par-devant notaire.

Si l'on veut changer une ou plusieurs juments, il faudra la permission par écrit de l'inspecteur, visée par l'intendant, et le propriétaire sera forcé de les remplacer dans le temps qui lui sera fixé.

Le propriétaire devra présenter à l'inspecteur ses juments, et pas d'autres à peine de confiscation, de 200 livres d'amende et de la privation de ses privilèges.

A coup sûr, si toutes ces conditions avaient été exécutées de bonne foi, la réussite était certaine. De grands privilèges accordés, des secours de toutes façons donnés, une direction prévoyante, tout allait pour le mieux. Mais la négligence de certains intendants, qui ne s'occupèrent pas toujours avec activité et intelligence, de remplir les désirs et les ordres du roi, firent souvent manquer ces beaux projets. Nous devons dire à la louange de monsieur de Bernages, intendant de la généralité de Limoges, qu'il s'occupa des haras avec une véritable sollicitude. Il eut le courage de dire avec fermeté son opinion sur ce sujet, et de rejeter les étalons du Nord, comme ne produi-

sant rien. Il voulait des barbes distingués et forts ou
des étalons bien choisis dans la race elle-même. Il
écrivait dans une lettre à monsieur de Pontchartrain :
« La véritable amélioration se trouve dans la conserva-
« tion des belles juments et de leurs pouliches. »

Il était dans le vrai et jugeait sainement la question
de l'avenir de la race limousine.

Les encouragements donnés de toutes parts produisirent les meilleurs effets. Non-seulement la race
limousine se releva, mais elle augmenta en quantité
et qualité. Les foires étaient peuplées de poulains
nombreux qui se vendaient fort chers, soit pour les
écuries du roi, des princes, des grands seigneurs ou
des régiments de cavalerie légère.

La maison royale venait surtout en aide aux éleveurs par ses achats réguliers et considérables. Elle
avait dans chaque province d'élevage, en Limousin,
Auvergne, Normandie et Navarre, un écuyer-courtier
qui y était en permanence et qui achetait tous les
animaux les plus remarquables (1). Lorsque les chevaux arrivaient aux écuries, on les classait selon leur
mérite. Ceux chez lesquels le dressage développait
d'heureuses qualités étaient mis au rang des chevaux
de tête ou *brides d'argent;* s'ils répondaient dans la
suite aux espérances des écuyers, ils passaient au rang
des chevaux du roi, ou *brides d'or.*

(1). *Industrie Chevaline.* Comte d'Aure.

Une prime de 500 livres pour chaque cheval *brides d'argent* ou une prime de 1,000 livres pour chaque cheval *brides d'or*, était accordée à l'éleveur à titre de gratification.

Nous citerons encore une lettre de monsieur de Pontchartrain, de décembre 1706, à monsieur de Bernages, au sujet de ses succès en Limousin : « J'apprends « avec plaisir le bon estat de vos haras et le bon « nombre de chevaux qui vous restent, malgré la « grande quantité qui a été enlevée. » (1)

Comme nous l'avons vu, Colbert était mort et avait été remplacé par son fils, monsieur le marquis de Seignelay, qui, lui-même succomba en 1690. Homme de valeur, administrateur habile, imbu des sages idées du grand ministre, son père, il s'était occupé avec activité de sa charge. Ce fut lui qui fit donner les arrêts du 28 octobre 1683 et du 29 octobre 1689, pour compléter en partie l'organisation des haras.

Ce fut monsieur le Marquis de Louvois qui lui succéda. Comme son prédéceseur, il se mit à l'œuvre avec énergie. Caractère opiniâtre, grand travailleur, il aurait réussi à mener à bien cette vaste administration; mais la mort, qui ne respecte ni la vertu, ni les talents, l'enleva bientôt. Ce fut une grande perte.

Les haras, soutenus par la volonté du roi, par les sacrifices de toutes sortes, se relevèrent et devinrent

(1). Correspondance des Intendants.

prospères. Aussi sommes-nous étonnés de voir Bourgelat dire que les races du Limousin et de la Normandie sont perdues, quand lord Peimbrock, anglais
de distinction, lui écrivait : « Je ne conçois pas la
« faveur que les français ont pour nos chevaux, quand
« je vois vos belles races limousines et normandes
« (1770). »

Rien n'était encore bien décidé, pour savoir à quel
ministère serait placé la direction des haras. Elle
flotta de la guerre à la marine, de la marine à la guerre
avec monsieur le marquis de Voyer d'Argenson, qui
finit par céder cette charge à monsieur de Voyer, son
fils, maréchal de camp, qui était très-connaisseur. Il
aurait pu obtenir beaucoup, à cause de son grand
crédit à la Cour, mais nonchalant, peu travailleur, il
ne fit rien. Il fit venir des côtes de Barbarie un certain
nombre d'étalons médiocres, qui, jetés en Limousin
et en Auvergne, ne produisirent point de bons chevaux.
Dégoûté de sa charge, il la résilia en 1764.

Ce fut en cette année que fut rendu, le 19 mars,
l'arrêt du conseil du roi, qui réunissait à perpétuité, à
la charge du grand écuyer, les haras de Normandie,
Limousin et Auvergne. C'était monsieur le prince de
Lambesc qui avait été nommé grand écuyer. Pendant
sa minorité, ce fut madame Louise-Julie de Rozan,
comtesse de Brionne, sa mère, qui en exerça l'office
comme commandant des écuries du roi.

Douée d'un grand jugement, d'une extrême perspicacité, d'une volonté inébranlable, elle s'adjoignit deux écuyers du roi, MM. de Bridje et de Tourdonnet. Ce dernier fut chargé de l'Auvergne et du Limousin.

Les haras se relevèrent avec vigueur. De tous côtés, en Limousin, Marche et Auvergne, les propriétaires se décidèrent à en former, et bientôt la production fut considérable. Les grands seigneurs de la Cour envoyaient chaque année des écuyers courtiers acheter, dans nos provinces, des chevaux pour la chasse ou pour la guerre. Le commerce était prospère.

Le grand écuyer, devenu majeur, exerça lui-même sa charge, et ce fut lui qui, d'après les ordres du roi, créa enfin Pompadour. Cet état heureux dura jusqu'à la révolution, époque néfaste, où nos races disparurent à peu près en entier.

Ce fut dans la séance du vendredi 29 janvier 1790, que le décret supprimant les haras fut adopté.

« Le régime prohibitif des haras est aboli et toutes « les dépenses qui y sont relatives sont supprimées à « partir du 1er janvier 1790. »

A cette époque, on n'y allait pas de main morte. Peu importait l'utilité, la nécessité où l'on était de conserver une administration toute nationale, on la renversait, parce que c'était cette infâme monarchie qui avait eu l'idée de la créer dans un but utile au pays. Il fallait tout démolir, tout renverser, sauf à reconnaître après la destruction la faute énorme que les passions, toujours aveugles, avaient fait commettre.

Dans le courant de l'année de nouveaux décrets, complétant le premier, furent rendus. Les gardes-étalons furent supprimés ; les chevaux qu'ils détenaient vendus au profit de l'Etat. L'industrie particulière, livrée à elle-même, privée des étalons qu'elle trouvait à sa disposition, n'éleva plus. Les réquisitions frappant à tort et à travers, sur l'étalon et sur la poulinière, les grandes fortunes détruites, la noblesse décimée et ruinée, complétèrent la destruction de l'élevage (1). L'émancipation du Limousin, de l'Auvergne et de la Marche, fut la perte de l'industrie chevaline dans ces contrées. Les quelques petits éleveurs qui existaient, effrayés bientôt par les réquisitions qui prenaient tout ce qui était bon, vendirent toutes leurs poulinières et pouliches de mérite (1793-1794). La Convention, devant l'affaiblissement toujours croissant de l'espèce chevaline, devant les guerres continuelles, fut obligée de songer à prendre de sérieuses mesures. Elle avait enfin compris, mais trop tard, que l'industrie particulière était incapable de se suffire à elle-même, que l'Etat seul pouvait soutenir l'élevage du cheval de selle.

Donc, le 2 germinal an III, elle rendit une loi portant établissement provisoire de dépots nationaux d'étalons, pour relever l'espèce des chevaux. Cette loi ordonnait de rechercher tous les étalons utiles à faire des chevaux de cavalerie. Ils devaient être placés dans

(1) Gayot.

sept dépôts. Six cents juments, susceptibles de donner de bonnes productions, devaient être livrées à l'industrie privée. Des primes étaient données aux meilleures juments, les étalons et les juments poulinières étaient exemptées du droit de préemption et des réquisitions. Mais tout cela ne suffisait pas.

Pompadour reçut quelques débris de la race limousine qu'on ramassa à grande peine.

Enfin, une commission fut nommée au Conseil des Cinq Cents, la rédaction du rapport fut confiée à M. Eschasseriaux jeune, qui s'en acquitta d'une façon fort remarquable (18 fructidor an VI). Mais ce ne fut réellement qu'en 1806, sous le règne glorieux et réparateur de Napoléon, que l'organisation définitive des haras fut arrêtée.

Le 4 juillet 1806, les haras furent rétablis sur une grande échelle. L'empereur avait décidé que les deux tiers des étalons devaient être de races françaises, c'est-à-dire de la race elle-même, l'autre tiers devait être rempli par des animaux de haut choix, c'étaient des arabes, des barbes ou des turcs.

La régénération fit de rapides progrès, les haras obtinrent des succès incontestables. L'empereur, en homme avisé sur les intérêts nationaux; ne se servait que de chevaux français ou arabes, qu'il prisait beaucoup. Nul n'osa faire autrement, puisque le maître donnait le ton à la mode.

Nous trouvons dans les mémoires de la duchesse

d'Abrantès, au tôme 12, page 14, ce qui suit : « Le
« matin, je montais à cheval avec madame de Grand-
« saigne; quelquefois, lorsque nous étions matinales,
« nous rencontrions le duc de Gaële, qui montait le
« cheval limousin, avec la housse de velours galonnée et
« le bridon d'or..... »

La consommation du cheval de selle avait beaucoup
repris : l'élevage se releva en Limousin, Marche et
Auvergne.

Le rétablissement d'une Cour brillante donnait au
nombre des équipages, au luxe des écuries, un élan
considérable, que n'avaient pu produire les rêveurs et
les idéologues de la république.

Nous ne pouvions pas nous remonter au dehors pour
notre nombreuse cavalerie, et les éleveurs français en
profitaient seuls.

Napoléon ne voulut pas arrêter l'industrie, tout au
contraire; mais il comprit, avec son prodigieux génie,
qu'il fallait la soutenir par de puissants encouragements, pour qu'elle put donner des résultats sérieux.
Elle a toujours besoin d'appui, puisqu'elle ne peut pas
marcher sûrement d'elle-même, qu'elle n'en a ni la
force ni la possibilité.

La réorganisation de 1806 donna une grande activité à Pompadour. Ce fut aussi à cette époque qu'on
créa le dépot d'Aurillac. De 1806 à 1812, les éleveurs
du Limousin, de la Marche et de l'Auvergne, produisirent autant qu'ils purent, car la consommation était

devenue très-grande, par suite de l'état continuel de guerre où nous nous trouvions.

La campagne de Russie arriva (1812). Il fallut remonter la cavalerie de 40,000 chevaux; les gardes d'honneur en prirent 10,000. On enleva le tout, les poulinières mêmes. Les invasions de l'ennemi arrivèrent et ce fut une nouvelle révolution pour les haras.

La fortune de la France allait bientôt déchoir. Nous étions proches des invasions qui, par deux fois, ont souillé la patrie.

Ici, ce sont les plus précieux étalons qu'un corps d'armée saisit et enlève; là, ce sont nos splendides poulinières du Limousin et de la Normandie qui passent dans les mains ennemies.

1815 arrive, la terrible bataille de Waterloo décide du sort de la France. Mais il faut encore et toujours se défendre, afin de pouvoir, comme François Ier, dire avec orgueil: « *Tout est perdu, Madame, excepté l'honneur sauve.* » (1)

Nous avions vaincu tous les peuples, renversé les rois et, comme tous les vainqueurs, pris ce qui était à

(1) *Tout est perdu, Madame, excepté l'honneur sauve*, est la véritable phrase prononcée par François Ier dans une lettre à sa mère, et on en a fait le mot: Tout est perdu, fors l'honneur.

Comme à Waterloo, on a prétendu que la Garde.....

C'est dans l'habitude et l'esprit français de faire des mots après coup.

notre convenance et de notre goût. Les races de chevaux de l'Allemagne, de l'Italie, de l'Espagne, avaient
été par nous épuisées à tel point, que ce dernier royaume fut obligé, sous la Restauration, de venir acheter
8,000 chevaux en France. Au lieu de se contenter d'emmener des chevaux hongres, on prit les plus belles
poulinières, les pouliches les plus remarquables, sur
lesquelles se fondaient nos moyens de réparation.

La Restauration remplaça l'Empire. Les Bourbons,
qui avaient pris les habitudes anglaises dans l'émigra-
tion, les continuèrent en France. Il ne fut plus permis
de se présenter sur un cheval français, sans être décon-
sidéré comme parfait gentlemen.

Ce fut une grave faute.

Le Limousin ne vit plus ses chevaux prisés comme
sous l'empire et la production se ralentit. Néanmoins,
il faut bien le dire, on acheta quelquefois, à Limoges,
des chevaux pour les gardes du corps, et la Restauration eut l'heureuse pensée d'envoyer en Orient le
vicomte de Portes pour y acquérir des étalons. Cet
officier distingué ramena un convoi composé de chevaux les plus remarquables. Le Limousin et l'Auvergne
en reçurent un certain nombre.

La révolution de 1830 eut lieu et fut cause d'une
longue crise. Jamais les grandes secousses dans l'Etat
n'ont favorisé l'industrie chevaline.

Pendant toute la durée du gouvernement de Juillet,
l'administration continua de diriger ses efforts vers des

progrès réels; mais nous n'avons rien à signaler pour le Limousin et l'Auvergne. Tout y marcha doucement. Les écuries de Sa Majesté le roi Louis-Philippe n'étaient pas aussi nombreuses que celles de son prédécesseur. Il n'y avait plus de Cour somptueuse chez ce bon roi citoyen, pas d'équipages de chasse, point de pages ni de compagnies de gardes du corps. Son premier écuyer, monsieur de Strada, faisait la plupart de ses remontes en Allemagne, au détriment des éleveurs français, qui auraient certainement fournis avec facilité, soit pour l'attelage, soit pour la selle, les écuries du souverain.

Nous voilà à 1848. Le trône de Sa Majesté Louis-Philippe était renversé et il était obligé de prendre de nouveau la route de l'exil. La jeune république aurait peut-être imité sa sœur aînée et renversé les haras ; mais fort heureusement, on fit choix, pour ministre de l'agriculture, de monsieur Tourret, agriculteur distingué du Bourbonnais. Homme pratique et judicieux, loin de vouloir renverser les haras, il proposa au général Cavaignac, chef du pouvoir exécutif, de les conserver, parce que l'intervention de l'Etat dans la production du cheval, était encore une nécessité pour la république.

La propagation et l'amélioration des races chevalines intéressent au plus haut point la richesse et la puissance de la France, et c'est l'administration des haras qui a la mission d'encourager les éleveurs, de diriger l'industrie dans les voies de progrès ouvertes et sanctionnées par l'expérience.

Monsieur Thourret savait par lui-même les difficultés de la situation, la position de l'industrie particulière et la nécessité où était le gouvernement de la soutenir, en lui fournissant les étalons de tête qu'elle ne pouvait se procurer par elle-même, et de lui donner, en outre, les encouragements nécessaires à l'exciter dans un bon élevage.

Le deuxième empire sut maintenir les haras, comme administration nécessaire à l'industrie privée ; mais à une certaine époque, il crut que le moment était venu de rendre à cette industrie toute sa liberté d'action ; on vendit alors un certain nombre d'étalons et des juments poulinières. Mais les réclamations très-vives des éleveurs firent bientôt voir qu'on s'était trompé.

CHAPITRE VI.

LES MONASTÈRES.
SCIENCE HIPPIQUE ET ÉLEVAGE AU MOYEN AGE.
CHEVALIERS DE MALTE.

Lorsque l'on veut étudier avec fruit l'histoire du moyen âge, dans les différentes conditions de la vie humaine, on est obligé de pénétrer dans ces vieilles abbayes, dans ces cloîtres éloignés du bruit, où l'on rencontre les plus beaux produits des arts et de la science.

Le couvent, à l'origine, était une école littéraire et agricole, un hospice et une hôtellerie. (1)

Les ordres les plus anciens étaient dirigés vers les soins de l'agriculture. L'activité, l'intelligence des moines, leur austérité, leur assurèrent bientôt des richesses considérables.

Il faut remarquer une chose, c'est la position qu'oc-

(1) *Moines d'Occident*. Comte de Montalembert.

5

cupaient les monastères. Ils étaient généralement
placés dans des vallées naturellement fertiles, près
des rivières, des ruisseaux, entourés de vastes prairies. Tout s'y rencontrait : et le charme de la solitude,
et une terre bienfaisante, qui, sous des mains aussi
habiles, donnait les produits les plus variés.

Ce sont ces moines, contre lesquels les bourgeois
voltairiens ont tant crié, qui ont, depuis le VIIIᵉ siècle,
fait progresser l'agriculture dans toute l'Europe et
nous ont conservé les chefs-d'œuvre de l'antiquité.
Ils ont défriché les terrains les plus difficiles. Ils ont
assaini les lieux les plus malsains et dirigé les eaux
dans un but utile à l'agriculture.

Ces abbayes, que nous voyons couvrir le pays
depuis le VIIIᵉ siècle, sont venues pour le cultiver, le
féconder et l'instruire. Ces moines étaient non-seulement de grands éleveurs de bestiaux, de grands
laboureurs, des pionniers infatigables, mais aussi de
grands éleveurs de chevaux. Comme les seigneurs,
les hauts barons, ils possédaient des haras considérables, et le commerce qu'ils en faisaient était très-
lucratif pour eux.

Il arrivait souvent que des chevaliers, à l'heure de
la vieillesse, alors qu'ils ne pouvaient plus combattre
pour Dieu et pour le roi, sans gîte assuré, sans avenir
certain, venaient chercher un asile dans ces monastères que souvent ils avaient enrichis de leurs dons et
défendus de leurs armes ; ils donnaient au couvent

leurs chevaux de bataille, leurs fiers destriers, leurs rapides palefrois. Aussi, quand on avait besoin d'un bon cheval, il fallait souvent le chercher dans ces vieilles abbayes. (1)

Louis VII, roi de France, ayant besoin d'un beau palefroi pour son usage particulier, écrivit à Pierre, abbé de St-Remi de Reims, pour qu'il le lui trouva. L'abbé lui répondit qu'il allait s'en occuper, et il le lui fournit bientôt *bel de corps, séduisant de maintien.* (2)

Outre les cadeaux de chevaux que recevaient souvent les abbayes, elles avaient le droit de lever, ce que l'on appelait *la dixme des haras* chez les puissants seigneurs.

Ainsi, en 1070, Gévald donne à l'abbaye de Saint-Amand la dixme de ses juments de Roumare.

En 1082, Gauthier et Raoul Dartin accordent aux moines de la Couture le même droit sur les juments qu'ils pouvaient avoir, tant à Vesins, dans l'Avranchin, que dans toute autre localité de Normandie.

En 1086, Roger enrichit l'abbaye de St-Vandrille de la dixme de ses haras de la forêt de Bretonne. Les Taisson rendaient la dixme de leurs haras à l'abbaye de Fontenay.

Le prieuré de St-Fromont reçut de Robin du

(1) Houel.
(2) Chronique de Louis VII.

Hommet la dixme de ses poulains; les moines de St-Sever, la dixme des juments normandes de Gasselin de la Pommeraye. (1)

En 1155, Guillaume Lemoine donne à des religieux de Montebourg la dixme des poulains de ses cavales sauvages, appartenant au manoir de Néville en Cotentin.

Gaubert de Malefaida, abbé de l'abbaye d'Uzerche en Limousin, voulant se bien faire venir des seigneurs ses voisins, leur distribua les plus beaux chevaux dépendant des haras de son abbaye. *Dedit eis equos in magnum ecclesiæ detrimentum.* Il leur donna ses chevaux au grand détriment, à la grande perte de son abbaye, car il aurait pu en retirer des sommes considérables. (2)

« En 1248, quand le roy (saint Louis) fut à Yères, « l'abbé de Clungny (Cluny) luy présenta deux « palefrois qui vaudraient bien aujourd'hui cinq cents « livres (10,000 fr.), un pour li.(lui) et l'autre pour « la royne. » (3)

Les abbayes avaient besoin d'un grand nombre de chevaux, de manière à satisfaire facilement aux nécessités des temps. Elles possédaient beaucoup de fiefs et étaient obligés de fournir des hommes d'armes, *quand le roy semonçoit ses chevaliers pour la guerre.*

(1) Léopold de Lisle. *Haras privés de Normandie.*
(2) Extrait du Cartulaire d'Uzerche.
(3) Mémoires de Joinville.

Nous voyons qu'au XII⁰ siècle il y avait encore des haras sauvages. Cette habitude s'est maintenue jusqu'à la fin du XVI⁰ siècle, époque où l'on a reconnu qu'il y avait plus d'avantages à régulariser les haras et à leur donner une direction plus normale et plus productive. Les richesses que les moines possédaient, leur merveilleuse entente de l'administration et du commerce, avaient mis à leur disposition des étalons d'Orient par la voie de Marseille, de Venise, de Gênes et par l'Espagne.

Ils les conservaient avec un soin parfait. Ils furent les premiers à reconnaître l'emploi judicieux qu'on en pouvait tirer. Dans les grands monastères du Limousin, de la Marche et de l'Auvergne (1), dans leurs vastes domaines, ils élevaient beaucoup de chevaux à une époque où la consommation était si étendue et la vente si facile et si lucrative.

Ils ne craignaient ni leurs peines, ni leurs dépenses, pour arriver à un but utile et rémunérateur.

Les chevaliers de Malte, par leur proximité et leurs relations avec l'Orient, et l'obligation où ils éta'ent de posséder une bonne cavalerie pour combattre les infidèles, avaient à leur disposition les plus beaux étalons de la Syrie. Ils en envoyaient dans leurs commanderies, en Limousin, en Marche et en Auvergne, pour croiser et relever les races de chevaux. Comme

(1) Obazine, Uzerche, Beaulieu en Limousin; Grand-Mont en haute Marche ; la Chaise-Dieu en Auvergne.

les abbayes, ils possédaient des haras considérables et de vastes établissements agricoles.

Ces trois provinces durent recevoir de nombreux convois de chevaux d'Orient, car, pendant cent soixante-et-un ans, les grands maîtres de l'Ordre appartinrent à ces pays.

Ce sont : Philibert de Naillac, 1421 ; Jean de Lastic, 1437 ; Pierre d'Aubusson, 1476 ; Guy de Blanchefort, 1512 ; et Hugues de Loubens de Verdale, 1582.

CHAPITRE VII.

TOPOGRAPHIE DES GÉNÉRALITÉS DIVISÉES PAR DÉPARTEMENTS EN 1790.

Il est nécessaire, pour bien suivre l'organisation des haras sous l'ancienne monarchie, de connaître la division des provinces en généralités, élections, et leur état topographique.

La généralité de Limoges se composait du haut et bas Limousin, de l'Angoumois, à l'exception de l'élection de Cognac, et de la basse Marche qui fait à peu près la moitié de la province de ce nom, et de l'élection de Bourganeuf, qui est une enclave du gouvernement de Poitou. (1)

Cette généralité confine du « costé du midy, au « Périgord et au Quercy, du costé du septentrion, à la « généralité de Poitiers et à la haute Marche (2),

(1) Mémoire des intendants de 1696.
(2) Mémoire des intendants de 1696.

« qui est une partie de la généralité de Moulins ; du
« costé du levant à l'Auvergne et du costé du couchant
« au Berry, à la Xaintonge et à l'élection de Cognac.

« Son étendue est d'environ vingt-cinq lieues d'une
« heure (150 kil.) du midy au septentrion, et de un
« peu moins du levant au couchant. »

Elle renferme dans son périmètre les villes suivan-
tes : Haut Limousin, capitale Limoges : St-Junien,
St-Léonard, Soloynat, St-Yrieix, Rochechouard, Ey-
moutiers ; — Bas Limousin, capitale Tulle : Brives,
Ussel, Treignac, Bord, Allassat et Turenne ; — Basse
Marche : Bellac, le Dorat, la Souterraine, Magnac-
Laval et Châteauponsac.

Cette généralité est traversée par plusieurs rivières
entourées de riches prairies : la Vienne, la plus forte
de toutes, prend sa source au plateau des Mille-Vaches,
et la parcourt dans toute sa longueur ; la Vézère, la
Corrèze, la Dordogne, et dans la basse Marche, la
Creuse, la Gartempe, la Sédelle et une infinité d'autres
petits cours d'eau, dont nous ne citerons pas les
noms.

Le haut Limousin a un climat assez froid et moins
tempéré que celui de Paris (1). Il possède des bois de
châtaigniers et quelques petites forêts. Ses vastes
prairies, arrosées d'une eau claire et limpide, produisent les herbes les plus fines et les plus délicates. Son

(1) Mémoires des intendants.

altitude donne à l'air une vivacité et une pureté très-profitables à la santé des nombreux animaux qu'on y élève.

Le bas Limousin a un climat plus tempéré, plus chaud en quelques endroits et principalement dans le ravissant vallon où Brives est située. Comme dans le haut Limousin, les prairies y sont nombreuses, vastes, abondantes, bonnes et fécondées par des cours d'eau.

La basse Marche a beaucoup du climat du haut Limousin. La nature des habitants est peu différente; ils sont laborieux, économes, et aiment l'élevage des bestiaux, des bœufs et des chevaux. Comme dans le Limousin proprement dit, les prairies sont nombreuses, d'une qualité généralement très-supérieure; mais quand on approche de la Xaintonge, du Poitou et du Berry, elles deviennent plus fortes, les herbes y sont plus grosses et poussent les animaux à un plus grand développement.

L'Auvergne fait partie de la généralité de Riom. Elle est située entre le Bourbonnais, la haute Marche, le Limousin, le Quercy, le Rouergue, le Gévaudan, le Velay et le Forez.

La partie la plus considérable de la basse Auvergne s'appelle la Limagne, et s'étend de St-Pourçain à Brioude.

Cette partie de la province est un bassin d'une grande fertilité, que Sidoine Appollinaire appelle une mer de verdure, où l'on voit onduler les moissons comme les flots sans danger du naufrage. (1) Elle comprend les élections de Riom, Clermont, Issoire, Brioude. Il y a une enclave du Bourbonnais, c'est Gannat, qui forme quatre-vingts paroisses.

Les villes de la haute Auvergne sont : Aurillac capitale, St-Flour, Massiac, Mauriac, Chaudesaignes, Vic, Murat, Salers, Pleaux et Maurs; — celles de la basse Auvergne : Clermont capitale, Riom, Mont-Ferrand, Thiers, Ambert, Brioude, Issoire, St-Germain-Lembron, Ardres, Besse, Maringues, Pont-du-Château, Aigueperse, Billom, Saint-Pourçain, Cusset, Ebreuil, Vic-le-Comte et Sauxillanges.

Les rivières qui traversent ce pays sont nombreuses. Ce sont souvent des torrents dans la saison des pluies, qui disparaissent en partie sous l'influence de la chaleur.

L'Allier seul est navigable depuis Maringues. L'écoulement des eaux a lieu, dans cette province, de deux côtés différents : une partie vient au nord grossir l'Allier, l'autre au midi se dirige dans le Lot et la Vienne. Ce sont : l'Allagnon, la Sioule, la Truyère, la Cère, la Dordogne, la Viche, la Couse, la Mousse, la Morges, la Dore, la Durolle, la Jordanne, la Burauté, la Sumène, l'Anse, la Maronne, la Bretonne et la Lance.

La Limagne, qui est traversée par l'Allier dans toute sa longueur, est d'une fertilité extrême. Les terres ne s'y reposent jamais, les prés y sont coupés trois fois

(1) Sidoine Appollinaire.

l'année, et les nombreux ruisseaux qui les sillonnent y maintiennent une fraîcheur très-favorable à la production des herbes les plus nourrissantes. Elles sont sinon plus succulentes que dans la haute Auvergne, mais plus fortes, et donnent aux animaux qui les mangent plus d'ampleur, de gros, que dans les montagnes.

Les montagnes renferment de vastes et riches pâtures qui nourrissent un nombre de bestiaux considérable. Dans le Limousin et la Marche, les montagnes sont bien moins élevées qu'en Auvergne, elles sont dénudées et ne produisent rien, tandis que celles-ci sont couvertes d'un gazon frais et vigoureux.

La province d'Auvergne a environ trente-cinq lieues de longueur du nord au midi, d'Aigueperse au-delà de St-Flour, et vingt-deux de largeur, de St-Remy à Pleaux.

Le climat y est différent.

La Limagne est plus tempérée que les hautes montagnes.

Il y a en outre, dans cette généralité, le petit pays de Combraille qui est limité par l'Auvergne proprement dite, la haute Marche et le Bourbonnais. Il comprend une étendue d'environ huit lieues carrées. Cette contrée, semée de ravins, de gorges abruptes, renferme des prairies excellentes qui sont irriguées en grande partie par les nombreux ruisseaux qui parcourent ce pays. Les rivières y sont petites, ce sont plutôt des torrents que des cours d'eau réguliers. Nous nommerons seulement la Tardes et la Voueize. Les villes sont Evaux, Chambon, Lépaud, Auzances, Sermur et Montaigut-en-Combrailles.

La haute Marche fait partie de la généralité de Moulins. Ses limites sont : le Berry, le Bourbonnais, le pays de Combrailles, l'Auvergne, la basse Marche et le Limousin. La haute Marche a un climat semblable à celui du Limousin, l'air y est vif et pur ; les vallées, moins larges qu'en Limousin, renferment de nombreuses prairies d'excellente qualité où l'on élève beaucoup de bœufs, vaches, mulets et chevaux. Mais le terrain y est moins bon, moins fort, moins productif, que dans la basse Marche.

La rivière de la Creuse la traverse dans sa plus grande longueur. Elle a aussi le Taurion.

Comme tous les habitants des montagnes du centre de la France, le haut marchois est vif, industrieux, économe et près de son profit. (1)

Les villes de la haute Marche sont : Aubusson, Felletin, Chénerailles, Ahun, Bourganeuf et Guéret qui en est la capitale.

Cet état de choses dura jusqu'en 1790, époque à laquelle furent créés les départements.

Le haut Limousin devint le département de la Haute-Vienne et on y adjoignit les villes de Magnac-

(1) Mémoire des Intendants, 1696.

Laval, le Dorat, Châteauponsac et Bellac, qui faisaient auparavant partie de la basse Marche. Le bas Limousin forma le département de la Corrèze. La haute Marche, une partie de la basse Marche, le pays de Combrailles et une petite portion du Berry, constituèrent le département de la Creuse. La haute et basse Auvergne formèrent les départements du Cantal et du Puy-de-Dôme, et une portion de la basse Auvergne du côté de Gannat et de Cusset fut jointe au département de l'Allier.

Avant de terminer cet article, nous devons dire que, dans toutes ces provinces, la propriété est divisée en domaines ou métairies qui varient dans leur étendue de 50 à 100 hectares. Ces terres sont jouies généralement à titre de métayage entre le propriétaire et le colon, qui en partagent par égales portions les bénéfices ou les pertes. Elles renferment un cheptel qui varie souvent de valeur suivant l'étendue, la qualité des prairies, des terres et des herbages, et qui est composé de bœufs, vaches, mulets, qui servent à la culture, des moutons, brebis, porcs et d'une jument poulinière et de ses suites. Il est utile, dans chaque domaine, d'avoir quelques chevaux pour ramasser l'herbe dans les pâtures ou dans les prairies, qui ne sont pas mangées par les bœufs ou les vaches. On en a si bien senti la nécessité et l'utilité en Normandie, que, dans tous les baux à ferme, on stipule, comme condition expresse, qu'on entretiendra sur le sol de la terre une tête de cheval par dix de bœufs.

Aujourd'hui l'étendue des domaines tend à dimi-

nuer et varie de 50 à 70 hectares. Mais, comme l'agriculture a fait de grands progrès, on nourrit, dans une
étendue beaucoup plus restreinte, une quantité d'animaux plus considérable qu'il y a cinquante ans. Il y a
aussi des propriétaires qui ne jouissent pas à moitié
fruit et qui afferment, soit à leurs colons, soit à d'autres fermiers, leurs domaines, moyennant une soulte
en argent.

CHAPITRE VIII.

FOIRES ANCIENNES. — LA ST-LOUP A LIMOGES,
LA ST-GEORGES A CHASLUS, LA ST-CLAIR A TULLE,
ETC.

Chez tous les peuples de la terre, à quelqu'époque que nous voulions remonter, nous trouvons des réunions nécessitées par le commerce et les transactions.

On leur donne indifféremment le nom de foire, ou de marché. La première dénomination a toujours prévalue lorsqu'il s'est agi de ventes considérables.

Les Romains en avaient institué un assez grand nombre, en Italie, en Gaule, dans les lieux les plus habités, les mieux placés pour le commerce.

Les mots (1) *feræ, feriæ, nundinæ,* signifient foires, les jours de fête. Ce peuple avait donc choisi, pour ces réunions, un jour de repos, de fêtes, de réjouissances religieuses. Les petits marchés avaient lieu à Rome tous les neuf jours.

(1) Glossaire de Ducange.

Les Romains, ayant occupé la Gaule près de cinq siècles, y établirent évidemment des foires et des marchés; mais nous ne retrouvons rien qui puisse nous donner quelque chose de précis sur ces institutions, qui ont dû survivre néanmoins à la domination romaine.

La plus ancienne foire de France, d'après nos chroniqueurs, est celle du Lendy. Elle fut instituée en 629, par le roi Dagobert, sur le chemin de Paris à St-Denys, en faveur de l'abbaye de ce nom, qu'il venait de fonder. Il lui accorda de grands privilèges qui furent confirmés par plusieurs rois, ses successeurs.

Elle se tenait d'abord dans les environs du boulevard St-Denys actuel. Elle fut transférée ensuite dans la plaine où elle s'est toujours maintenue.

L'évêque de Paris y venait pour donner sa bénédiction aux fidèles. (1)

L'abbé de St-Denis prétendit bientôt à l'honneur et au profit de cette cérémonie. Il en résulta entre le prélat et l'abbé de grands débats qui durèrent fort longtemps.

Il s'établit ensuite, dans le royaume, beaucoup d'autres foires.

Les seigneurs, toutes les fois qu'ils affranchissaient leurs serfs, avaient l'habitude de créer des foires, pour attirer dans leurs seigneuries, à des jours donnés, plus de monde et plus de commerce. Les seigneurs s'enga-

(1) Dulaure. — 4e V. des *Environs de Paris.*

gèrent bientôt entre eux à soutenir les marchands, à leur donner aide et protection. Ainsi, nous trouvons dans les coutumes du Berry cette indication : « Qui-« conque viendra à la foire sera, depuis qu'il sortira « de sa maison, jusqu'à ce qu'il y rentre, protégé et à « l'abri de toutes vexations, à moins qu'il ne commet-« te un acte blâmable. »

Les biens des marchands ne pouvaient être saisis pendant ce temps, à moins que ce ne fut pour ventes frauduleuses faites à la foire. Les marchands étaient donc sauvegardés. C'était la première protection assurée à la liberté du commerce.

A l'exemple des Romains, les Chrétiens établirent des foires les jours de fêtes de l'Eglise. Ce fut un moyen d'attirer plus de monde dans les temples et, de la sorte, les fêtes de l'Eglise sont aussi devenues celles du commerce.

Dans le principe, les seigneurs avaient le droit d'accorder des foires sur leurs seigneuries. Ce droit passa bientôt aux mains du roi, comme étant un droit de la souveraineté.

Chez les Romains, le sénat seul pouvait accorder des foires. (1)

En France, c'était surtout dans les grandes assemblées, connues sous le nom de foires, que se traitaient les affaires du gros commerce. Elles étaient à des

(1) Pline, livre 5, épître 4.

6

époques fixes de l'année, établies sur plusieurs points
du territoire, dans le voisinage des grands centres
industriels et agricoles. Elles y attiraient les négociants, les propriétaires des provinces voisines et
souvent même de très-loin. On y traitait les affaires à
longs termes, on y faisait des commandes importantes,
dont la livraison et le paiement avaient lieu à telle ou
telle autre foire.

Au moyen âge, il n'y avait pas, comme de nos jours,
d'intermédiaire entre le fabricant et l'acheteur. Charlemagne, ce grand roi, qui voyait tout avec la clarté
de son génie, comprit le profit que l'on pouvait tirer
de ces réunions. Il favorisa les foires et les marchés,
car il sentit bien que la concurrence appelle l'abondance. Rien n'était curieux comme une foire du
moyen âge. Il faut, pour s'en faire une idée juste,
avoir lu, étudié les vieux titres, les anciennes chroniques, s'être mis au courant de ces habitudes si différentes des nôtres.

Une foire du moyen âge était une époque de sur-
prises, de jouissances, de vives émotions. On en
attendait l'arrivée avec impatience, on s'y préparait
longtemps à l'avance. Les marchands, les étrangers,
les nobles, les bourgeois, les serfs, les baladins, les
cabaretiers, les courtisanes, les filous, tous y accou-
raient. Chacun pensant bien y trouver son profit.

Les mères de famille, les bonnes ménagères y faisaient leurs acquisitions. On y rencontrait aussi des

troubadours, des musiciens ambulants, des divertisse-
ments pour émerveiller les badauds. C'était, dans les
foires, qui duraient quelquefois plusieurs semaines,
que la noble châtelaine achetait la robe fourrée d'her-
mine, la bourgeoise celle qui était revêtue de simple
chat. (1)

On y achetait encore de grands bahuts ferrés à clous
dorés, des grands coffres rouges, des miroirs de verre
des fauteuils et des bancs à dossier.

Tout le commerce résidait à la foire.

Plusieurs jours avant la foire, les chemins étaient
remplis de voyageurs, de bestiaux, de chevaux, d'animaux de toutes sortes. On y venait de loin, on se
rencontrait au gîte, et le lendemain on repartait à
l'aurore pour continuer sa route. C'étaient des pié-
tons, des bourgeois ou des fermiers à cheval, ayant
derrière eux leurs femmes en croupe ; de magnifiques
cavaliers, des dames élégantes qui chevauchaient coura-
geusement comme tout le monde, quelques voitures
lourdement chargées, cheminant doucement, conduisant des familles, portant des provisions.

Tout cela avait une animation, un caractère, un
cachet, que l'on ne retrouve plus aujourd'hui, où tout
se fait vite, les voyages et les achats.

Les foires aux chevaux donnaient l'occasion à une

(1) Alexis Monteil.

jeunesse brillante de faire paraître sa valeur en équitation, de se montrer à tous airs au milieu d'un immense concours de belles dames, qui se pressaient aux boutiques des marchands ou aux parades des bateleurs. Dans le centre de la France, les foires les plus remarquables, les plus suivies, étaient celles de Limoges et de Clermont, au mois de mai. Après elles nous en citerons d'autres moins considérables, où se vendaient les chevaux du Limousin, de la Marche et de l'Auvergne. La foire du 22 mai à Limoges, dite de la St-Loup, est ainsi nommée parcequ'elle a été établie le jour de la mort de Saint-Loup, évêque de Limoges, le 22 mai 632. Il avait été enterré dans l'église de St-Martial-des-Lions. Un de ses successeurs, dans le cours du XII⁰ siècle, Gérald Hector de Cher, évêque de Limoges, fit exhumer ses restes et les fit déposer dans une châsse d'argent de 58 marcs, à la cathédrale. Cette cérémonie attira une foule nombreuse, et on prétend que ce fut de cette époque que data la foire de St-Loup. Nous pensons qu'elle est beaucoup plus ancienne et que son origine doit dater de l'occupation romaine, parce que la ville de Limoges a toujours été un point de transit du nord au midi. On a probablement changé un nom païen en celui d'un saint que l'église vénère.

Nous avons trouvé, dans nos recherches, un édit du roi Charles VIII, qui donnait des lettres patentes pour ouvrir la foire de la St-Loup à Limoges. Ce n'était évidemment pas une création, mais simplement une réglementation de ce grand marché, si suivi au moyen âge.

Avant le **XIV**ᵉ siècle, le commerce de Limoges était sorti de la fange. Des Vénitiens, appelés par la recommée de la foire de la St-Loup, avaient fait porter à dos de mulets, dans Limoges, des épiceries, des étoffes du Levant, qu'ils se procuraient par la voie de l'Egypte. Leurs vaisseaux les conduisaient à Marseille, où était le dépôt de la France.

Leurs succès furent tels qu'ils fondirent, dans le faubourg St-Martin, de vastes magasins, et qu'ils ouvrirent une rue qui porta leur nom.

En 1252, le faubourg St-Martin fut incendié. Les Vénitiens voulurent en réparer les dégats ; mais ils furent, à cause des guerres, obligés de quitter. Les Portugais en profitèrent pour détourner, à leur profit, ce vaste commerce.

L'activité donnée par les vénitiens à Limoges fut telle, que cette ville devint l'entrepôt de Paris à Toulouse, et de Lyon à Bordeaux. Il y avait à Limoges, outre la foire de mai, celle de St-Martial qui avait lieu le 30 juin. Par lettres patentes du roi, de 1539, elle fut à l'avenir remise au 1ᵉʳ juillet.

C'est dans ces réunions commerciales que se vendaient les chevaux de la race limousine. Voici, à ce sujet, ce que nous trouvons dans le mémoire rédigé par l'intendant de Limoges, sur l'ordre de Louis XIV, pour l'instruction du duc de Bourgogne, son petit-fils,

année 1696 : « Le principal commerce de chevaux se
« fait aux foires de Limoges, qui se tiennent au mois de
« mai, juillet et descembre, et il s'y vend quantité de
« poulains qu'on élève ensuite dans les pays : l'Angou-
« mois et le Périgord. Plusieurs gentilshommes de
« cette dernière province en font un grand commerce
« et les vendent jusqu'à cent louis et quinze cents
« livres. »

Le commerce des chevaux limousins n'avait pas
lieu seulement à Limoges. Il y avait à huit lieues de
de cette ville, la petite bourgade de Chaslus, qu'a
illustré la mort de Richard Cœur de Lion, qui possédait des foires de chevaux considérables à la fête de
St-Georges, le 22 avril, et à celle de St-Michel, au 29
septembre.

C'était surtout à la foire de la St-Georges que l'on
trouvait les plus beaux produits et en plus grande
quantité. On venait de loin pour en acheter. Des marchands de chevaux de l'Andalousie y faisaient beaucoup d'acquisitions de poulains de trois ans, que l'on
finissait d'élever dans le pays, et qui ensuite nous
étaient revendus comme chevaux andalous.

Ces foires étaient en très-grande réputation en
Guyenne et en Espagne. On prétend qu'il sortait de
cette province, par chaque année, 1500 à 2000 poulains. (1)

(1) Mémoires des intendants, de 1696 à 1704.

« Ils se vendaient fort chers, et estoient une des
« sources de l'argent qui entrait en la province. » (1)

Non-seulement il se vendait aux foires de Limoges
des chevaux, mais aussi des clous de Limoges pour la
ferrure, parce qu'ils étaient excellents par dessus tous
les autres; forgés avec du bois de châtaigniers, ils
étaient plus doux et plus résistants. Ce commerce, qui
avait lieu dans toute la généralité, était fort étendu, et
les envois de ces clous dans tout le royaume étaient
considérables. Ce trafic s'est conservé pendant de longues années, et il n'y a pas plus d'un demi-siècle qu'il a
beaucoup diminué.

Il y avait, dans le bas Limousin, à Tulle et à Ussel,
des foires de chevaux qui dataient du milieu du IX⁰
siècle. Elles duraient chacune plusieurs jours. Il s'y
vendait beaucoup de poulains qui émigraient, soit
dans la haute Auvergne, soit dans le midi et même
l'Espagne. Mais, quoique très-utiles à ces contrées,
elles n'avaient ni la valeur de celles de Chaslus, ni de celles de Limoges, par rapport au commerce des chevaux.
Celle de Tulle, le jour de la St-Clair, a eu, comme
presque toutes les foires, une origine religieuse. Elle
date de de la translation, à Tulle, des reliques de St-
Clair, ancien évêque de Nantes, vers le IX⁰ siècle. Des
lettres patentes de Henri III (juillet 1586), en prolon-
gèrent la durée de deux jours. Par l'arrêté du 22 mes-
sidor an XII, elle fut fixée au 12 prairial de chaque

(1) Mémoires ou lettres des intendants, de 1696 à 1709,

année, qui correspond au 1er juin, et doit durer trois jours.

Les foires de Tulle (1) sont en ce moment beaucoup moins florissantes pour le fait des chevaux qu'au temps passé. On n'y voit pas, comme autrefois, une suite nombreuse de poulains et de pouliches de dix-huit mois, de deux ans et de trois ans.

Les chevaux faits et préparés pour la vente ne s'y rencontrent pas comme avant la révolution. Ceux qui s'y trouvent maintenant sont presque toujours achetés par la remonte lorsqu'ils remplissent les conditions exigées. En ce moment, les chevaux de vente sont amenés par des marchands de Clermont, de Limoges ou des environs.

Ils appartiennent à des races différentes et sont généralement propres à l'attelage et à la selle au besoin, mais ce dernier usage est moins fréquent. Quelques anciens officiers de cavalerie, des jeunes gens et des chasseurs montent encore à cheval, le reste de la population préfère les douceurs de la voiture. Du reste, il y a économie et commodité : un cheval attelé à une voiture légère mène quatre et quelquefois six personnes, où autrefois il fallait autant de chevaux que de cavaliers.

Cette modification dans les habitudes tient aux

(1) Renseignements dus à l'obligeance de M. Lalombe, archiviste de la Corrèze.

nombreuses voies de communication ouvertes dans tous ces pays, autrefois si difficiles à parcourir autrement qu'à cheval.

Puis l'élevage a diminué, s'est modifié ; on a augmenté le nombre des bœufs, des vaches, des troupeaux de moutons, et on a tout naturellement diminué celui des chevaux.

L'espoir de voir renaître la race limousine, reparaître à ces nombreuses foires du temps passé, qui apportaient tant d'argent dans la province, n'est pas perdu ; mais il faut que les éleveurs limousins, s'inspirant des idées et des pratiques anglaises, se mettent à l'œuvre en faisant un cheval demandé par le commerce et profitable à la vente. Or de là, il n'y a pas de salut possible, il faut renoncer à produire une marchandise qui est une dépense et non un profit.

Les foires où se vendaient les poulains de la Marche étaient au nombre de quatre principales : celle de Madeleine-en-Roches, au centre du pays, près de St-Vaulry, élection de Guéret ; la Berthenoux et Jouhet dans le Berry ; et la Chambérat en Bourbonnais, toutes trois placées sur les confins et limites de ces trois provinces.

La foire de la Madeleine-en-Roches date du XVI° siècle. L'édit qui la créa est de 1575 ; il fut rendu par le roi Henri III. Les chevaux, poulains et pouliches, y sont vendus à des marchands du Poitou et de l'Anjou, qui les cèdent à des éleveurs pour terminer leur éducation.

La foire de la Berthenoux est située à deux lieues au nord de la ville de la Châtre en Berry. Elle se tient le 9 septembre de chaque année. Ce bourg était autrefois un fief ecclésiastique, qui dépendait de l'abbaye des Bénédictins de St-Martin-de-Massay. La foire a été créée vers 1420. Il s'y rencontre des chevaux de race berrichonne et marchoise. Généralement, ceux de cette dernière race sont achetés par des marchands ou des propriétaires-éleveurs du Berry ou du Poitou ; les ànimaux de petite taille, communs, sont emmenés en Auvergne.

La foire de Jouhet est sise entre la ville de la Châtre et celle d'Aigurande. Comme la précédente, elle dépendait de l'abbaye de Massay et fut créée en 1425. Elle reçoit des poulains de la Marche et du Berry, qui sont achetés pour le Poitou ou le Berry.

La foire de la Chambérat est située paroisse de Nocq et se tient le 18 août de chaque année. Elle était généralement fort suivie. Les poulains de la Marche y abondaient ; les marchands du Berry, du Bourbonnais, du Nivernais, y achetaient beaucoup de ces jeunes animaux, qui étaient finis d'élever dans les trois provinces.

Nous avons maintenant à nous occuper des foires de chevaux de l'Auvergne.

Les plus considérables étaient celles de Clermont

et d'Aurillac. Clermont, par sa position, par son grand commerce, placé sur la route de Lyon à Bordeaux, se trouvait naturellement un point de transit entre ces deux villes. Les transactions y étaient nombreuses, le mouvement des affaires important. Il est donc facile de croire et juste de penser que la création de ce grand marché remonte à une époque fort éloignée de nous. Il paraît probable qu'il date de l'occupation romaine ; nous sommes portés à croire que ce peuple si industrieux, si pratique dans ses conquêtes, ne négligea rien pour rendre prospères les principales villes des Gaules ; les voies romaines qui couvrirent tout le pays donnèrent bientôt au commerce et à l'industrie une vigoureuse impulsion. Clermont fut relié à Lyon, à Moulins, à Bourges, à Bordeaux, par des communications nombreuses. Il n'est donc pas étonnant d'y rencontrer des foires très-suivies et florissantes. On y venait de loin, de la Marche, du haut et bas Limousin, du Berry, du Bourbonnais, du Forez, du Lyonnais.

Il est certain que là, comme à Limoges, on a remplacé le nom païen par celui d'un saint. Cette façon d'agir s'est produite presque partout. On en rencontre l'explication dans beaucoup de vieilles chartes, d'anciens titres.

La principale foire de Clermont avait lieu dans les premiers jours de mai et durait huit jours. On y trouvait des chevaux du Limousin, de la Marche, de l'Auvergne, du Bourbonnais, et nombre de mulets, bœufs et vaches.

Les marchands de toutes sortes y étaient nombreux, les ventes considérables. Elles ont toujours eu une réputation bien méritée ; mais, comme autre part, dans notre siècle, elles ont subi des modifications, et l'on y trouve plus, comme au XVe, XVIe et XVIIe siècles, une grande quantité de chevaux de propriétaires, prêts à entrer en service, ou sept ou huit cents poulains de deux à trois ans. Ce sont généralement des marchands de chevaux qui fournissent aux besoins de la contrée.

Aurillac, dans la haute Auvergne, avait une foire qui durait dix jours et commençait le 14 octobre, fête de saint Géraud. Elle était fort intéressante pour le pays, on y venait de toute l'Auvergne, du Rouergue, du Languedoc et de l'Espagne ; la haute Auvergne étant très-productive en chevaux, il s'en faisait un débit énorme, et une grande partie des poulains de deux et trois ans, surtout les plus remarquables, étaient achetés par l'Espagne, pour être conduits en Andalousie ; leur élevage y était terminé dans de fertiles prairies et vendus au monde entier comme chevaux andalous.

Mauriac avait aussi ses foires qui avaient de l'importance par les ventes de chevaux, surtout de poulains, de mulets, qui, pour la plupart, prenaient la même direction que ceux d'Aurillac.

Il y avait dans l'élection de Murat, dans la paroisse d'Allanches, des foires très-renommées pour les chevaux. Elles se tenaient près du vieux château de Mailhargues et avaient été fondées par un de ses seigneurs, dans des temps très-reculés. La foire a lieu le 12 octobre et dure deux jours. Le château de Mailhargues et la seigneurie avaient été démembrés du duché de Mercœur.

Saint-Flour, Salers, au milieu de ses vastes pâturages, possédaient aussi des foires très-anciennes et très-suivies.

On voit combien le commerce des chevaux avait d'importance dans le moyen âge, et combien il apportait d'argent dans ces contrées. Le cheval auvergnat, comme le limousin, le marchois, était fort prisé et trouvait facilement acheteurs. Il y avait des poulains de dix-huit mois à deux ans, qui se vendaient jusqu'à huit cents et mille livres.

Mais ce qui a toujours préjudicié au commerce des chevaux, c'est la vente des mulets, qui était en Auvergne encore plus productive qu'en Marche et Limousin.

Nous finirons cet article des foires par une citation de Jacques Bujault : « Partout où passe un chemin, « on veut des foires, pour le cabaretier, le conseil « municipal, le vigneron, le fabricant d'eau-de-vie, « le charlatan, pour qu'ils puissent débiter leur « beaume. »

On dit : le pauvre laboureur ne sait où vendre son

bétail ; long trajet, mauvais chemins, rivières ou ruisseaux à passer ; en donnant des foires, il y aura peine
de moins, temps épargné, économie d'argent. Le
cabaretier vit du vice, c'est son état, il lui faut foires
et marchés pour ramasser des fainéants et des ivro-
gnes.

Le paysan se ruine.

Est-ce que les étrangers courent toutes les foires;
ils n'y pourraient suffire. La valeur des foires baisse
en raison directe de leur nombre. Plus il y en a, moins
elles valent. Autrefois, elles étaient moins nombreuses, elles attiraient des gens de commerce plus sérieux,
et les affaires de tous en allaient bien mieux.

CHAPITRE IX.

PALEFROIS. — HAQUENÉES.

Les palefrois (1) et les haquenées étaient des chevaux « *légiers, brillants, gracieux* (2), *distingués,*
« *ayant de la figure, une rare élégance et d'une taille*
« *ordinaire.* (3) »

Les plus précieux appartenaient aux races d'Orient,
à celles du Limousin, de la Marche, de l'Auvergne et
de la Navarre. La Bretagne et la Lorraine en fournissaient aussi, mais d'une valeur moindre et d'un sang
moins valeureux.

Ces animaux servaient de montures aux nobles dames ou damoiselles, ou pour les entrées des rois et
des princes dans les villes. Ils étaient généralement
de couleur éclatante, pour attirer les regards et fixer
la foule sur le prince.

(1) Palefroi, *palefredus*. Dict. de Ducange.
(2) Salomon de la Broue.
(3) Monstrelec nous donne la taille des palefrois.

C'était le blanc, le gris pommelé, qui étaient préférés. Il y avait néanmoins des exceptions à ce choix.

Nous trouvons dans les mémoires de Commines que « Tristan ayant rencontré un escuyer lui deman-
« da s'il avait allecontré (rencontré) une damoiselle
« qui chevauchait sur un palefroi noir. »

Un peu plus loin il est dit : « Le palefroi sur coi
« (sur lequel) la dame scist (est assise) estoict plus
« blanc que nul fler (fleur) de liz. »

Pendant les règnes de Louis XIV et de Louis XV, la mode, qui intervient partout, souvent au détriment de la raison, de la logique et du vrai, avait mis en vogue les couleurs pie et isabelle. Dans les tableaux de Wander-Meuden, peintre du roi Louis XIV (1), il représente presque toujours ce prince monté sur des chevaux blancs, pie ou isabelle.

Ignace Parrocel, peintre de Louis XV, prit la même habitude.

En 1403, Christine de Pizan, dans son livre de faits et gestes et bonnes mœurs du roi Charles, dit : « Les
« empereurs de leur droict, quand ils entrent en
« bonne ville de leur seigneurie, ont accoutumé estre
« sur chevaux blancs; » et un peu plus loin, elle ajoute : « A donc, de son palais parti le roy, monté

(1) Tableaux de Parroul et de Wander-Meuden. Galerie de Versailles.

« sur un grand palefroi blanc, aux armes de France,
« richement abilhié. »

En 1440, Frédéric, roy des Romains, et le bon duc
Philippe de Bourgogne « se veirent et festeyrent en
« la ville de Besançon » et six jours après, vint au
lieu de Besançon madame Isabel de Portugal, duchesse
de Bourgongne, « Elle entra en vue litière couverte de
« drap d'or cramoisy, et après elle deux haquenées
« blanches couvertes de la même litière, et les me-
« noient deux varlets à pié. Après venoient douze
« dames ou damoiselles à haquenées blanches harna-
« chées de drap d'or. »

En 1450, lorsque Charles vint de Montauban à Thou-
louse, la reine fit son entrée dans la ville, portée en
croupe par le Dauphin sur un cheval blanc.

En 1520, François I\ :sup:`er`, le roi vaillant, qui avait été
armé chevalier sur le champ de bataille de Marignan
par le preux et courageux Bayard, à son entrevue du
camp du drap d'or avec Henri VIII, montait un cheval
blanc de laict (1)

Lorsque Henri d'Albret, roi de Navarre et vicomte
de Limoges, fut reçu le 7 janvier 1529 dans sa ville,
il était monté sur une haquenée blanche.

En 1556, Antoine de Bourbon et Jeanne d'Albret, sa
femme, père et mère de notre roi Henri IV, le joyeux
compère, vinrent aussi à Limoges. « Le roy estoit

(1) Chroniques.

7

« monté sur une haquenée blanche, belle au possible,
« et la reyne aussy estoit également montée sur une
« haquenée blanche comme le laict. »

« Le jeudy 15 septembre 1591, le roi (Henri IV) fit
« son entrée à Paris aux flambeaux entre sept et
« huit heures du soir. Il estoit monté sur un cheval
« gris pommelé (1).

En 1610, Louis XIII, proclamé roi, vint aux Augus-
tins, « où estoit assemblé le parlement, vestu d'un
« habit violet, monté sur une petite haquenée blan-
« che. » (2)

En 1678, Louis XIV, au passage du Rhin, montait
un cheval blanc (3).

En 1743, Louis XV, au siège de Tournay, montait
un cheval blanc.

En 1746, il fit son entrée à Anvers également sur
un cheval blanc. (4)

Il serait facile de continuer les citations et de retrouver dans les mémoires de l'histoire de France ou
dans les vieilles chroniques, de nouvelles preuves de
l'habitude qu'avaient les rois et les princes de faire
leur entrée dans les villes, montés sur des chevaux
d'une couleur distinguée et voyante.

(1) Mémoires de l'Estoile, 1591.
(2) Mémoires de l'Estoile, 1610.
(3) Mémoires du temps et tableau de Lebrun à Versailles.
(4) Mémoires du temps et tableaux de Parroul, à Versailles.

Le palefroi était donc toujours un cheval de parade, beau, élégant, souple, il était de race choisie, d'un sang précieux, il se vendait fort cher.

Il n'était pas étonnant, au moyen âge, où la consommation des chevaux de valeur était largement rémunérée, de voir ces animaux coûter 5 à 6,000 francs de notre monnaie.

Les rois, les princes, les grands seigneurs de l'époque, étaient toujours heureux de posséder de ces chevaux d'élite.

————

CHAPITRE X.

PRIX DES CHEVAUX PENDANT LE MOYEN AGE
DEPUIS 1060 JUSQU'EN 1790.

Les prix des chevaux ont beaucoup varié dans tout le cours du moyen âge. Il semble utile d'en faire un relevé général pour se rendre un compte exact de ces différentes phases.

Les chevaux communs, ordinaires, se vendaient à peu près dans des conditions proportionnelles, égales à ceux de notre époque. Mais les animaux de luxe, les dextriers, les palefrois, même les haquenées, avaient une valeur considérable. La différence vient de ce que la noblesse guerrière avait besoin de produits de choix, d'élite, pour remplir les conditions qui en était exigées.

Les éleveurs étaient nombreux.

La consommation, toujours renaissante, tenait à un prix très-élevé les animaux supérieurs qui lui étaient demandés. L'état que nous produisons est pris dans les vieilles chroniques, dans les mémoires sur l'histoire de France et dans la correspondance des intendants.

ANNÉES.	DÉSIGNATION DES ANIMAUX.	PRIX A L'ÉPOQUE.	MONNAIE ACTUELLE.
1060	Un cheval du prix de . . .	10 livres.	
1091	Un cheval du prix de . . .	4 livres.	
1091	Un cheval estimé.	20 sols.	
1165	Deux palefrois estimés 20 livres la pièce	20 livres.	
1165	Un cheval du prix de . . .	60 sols.	
1165	Un cheval du prix de . . .	5 livres.	
1155	L'évêque de Soissons acheta un cheval pour faire son entrée solennelle dans sa ville, et le paya de cinq serfs, deux femmes et trois hommes.		
1177	Audebert, comte de la Marche, vend au roi d'Angleterre la totalité de ce comté pour la somme de 15,000 livres de la monnaie d'Anjou et vingt palefrois.		
1202	Un roussin du prix de . .	50 sols	
1202	Un cheval de luxe du prix de	40 livres.	
1202	Cheval donné par le roi, du prix de	34 livres.	
1202	Cheval de luxe du prix de .	27 livres.	
1202	Un beau dextrier, au prix de	55 livres	
1202	Un palefroi, du prix de . .	60 livres.	
1248	Deux palefrois pour le roi saint Louis et la reyne '.	500 livres.	
1287	Un palefroi, au prix de . .	7 liv. 12 s	864 fr. 83.
1287	Un palefroi, au prix de . .	7 livres.	

ANNÉES.	DÉSIGNATION DES ANIMAUX.	PRIX A L'ÉPOQUE.	MONNAIE ACTUELLE.
1295	Un cheval vendu à Pierre le Bourguignon	60 livres.	
1313	Une jument vendue au prix de	7 liv 10 s.	
1317	Inventaire des biens et meubles de Louis X, dit le Hutin :		
	Monseigneur de la Marche, depuis Philippe le Bel, deux chevaux	500 livres.	49,000 f. 20
	Monsieur de St-Pol, un cheval.	200 livres.	19,600 f. 20
	Monsieur le connétable, deux chevaux	300 livres.	31,360 f. 20
	Monsieur de Châtillon le Jeune, un cheval . . .	140 livres.	13,720 f. 20
	Raoullet, 22 chevaux amenés à Paris	164 l. 10 s.	16,115 f. 10
	Deux chevaux à Gentien de Pacy	88 livres.	8,624 f. 10
	Quatre chevaux à Perrot le Bourguignon.	80 livres.	7,840 f. 20
1325	Monsieur le connétable, deux chevaux	300 livres	31,360 f. 20
1327	Un cheval	12 l. 18 s.	709 f. 50
1327	Ordonnance du sénéchal de Poitou : un cheval . . .	12 l. 18 s.	709 f. 50
1339	Un cheval de procureur. .	16 l. 14 s.	886 f. 87
1371	Sous Charles VI et Charles VII, prix d'un cheval ordinaire	15 livres.	
1372	Compte de l'inventaire de Jeanne d'Evreux, un cheval de trait	132 l. 15 s.	
1400	Compte de l'abbaye de Longchamps, cheval de chevalier banneret . . .	40 livres	
1427	Un cheval	42 livres.	

ANNÉES.	DÉSIGNATION DES ANIMAUX.	PRIX A L'ÉPOQUE.	MONNAIE ACTUELLE.
1420	Un cheval à Guillaume Bataille, conseiller du régent	1,500 liv.	
1429	Les habitants de Vaucouleurs , au départ de Jeanne d'Arc, lui achetèrent un cheval de . . .	16 fr. (1)	
	Ordres du mois d'août et de septembre 1429 par le roi Charles VII à Jehanne la Pucelle, du commandement du roi :		
	A Jehanne la Pucelle, pour un cheval que le roi lui fit donner à Soissons . .	38 liv. 10 s.	
	Pour un autre cheval qu'il lui fit donner à Senlis .	137 l. 10 s.	
1451	Un cheval pour archer de la garde écossaise du roi	194 livres.	
1542	Edit de François 1er de 1542, pour servir à traite foraine un cheval. . . .	165 livres	
1581	Ordonnance de 1577 sur traite foraine, d'Henri III, un cheval	160 livres	
1582	Prix d'un cheval fin de luxe.	200 livres.	
1559	Jean Jehannet, dit Herpin, marchand de chevaux. .	1467 liv.	
	Pour onze courtauds, vendus au roi, pour sa sœur	133 livres.	
1559	Yvon Mascot, marchand de chevaux, trois haquenées données par le roi à sa sœur, 280 livres par tête.		
1559	A Guillaume, 100 livres pour une haquenée donnée par le roi à sa sœur	280 livres.	

(1) Equum pretii XVI francorum.

ANNÉES.	DÉSIGNATION DES ANIMAUX.	PRIX A L'ÉPOQUE.	MONNAIE ACTUELLE.
1559	A Guillaume Lebeau, marchand de chevaux, 362 livres pour trois haquenées données par le roi à sa sœur, à 121 livres par tête	121 livres.	
1559	A Nicolas Chariot, 62 livres pour une haquenée donnée par le roi à sa sœur.	62 livres.	
1559	A Boussaud, marchand de chevaux, pour un courtaud donné par le roi à sa sœur	100 livres.	
1559	A Robin Nogent, marchand de chevaux, pour deux chevaux donnés à la reyne, 500 livres	500 livres.	
1570	Dons de monsieur le maréchal de Montluc à ses officiers, de onze chevaux d'Espagne et deux coursiers limousins :		
	A Monsieur de Brassac, un coursier valant	400 escus.	
	Au capitaine Cosne, un coursier valant	300 escus.	
	A monsieur de Madaillan, un cheval d'Espagne . .	400 escus.	
	A monsieur de Madaillan jeune, un coursier valant.	500 escus.	
	Au chevalier de Romégas, un cheval d'Espagne . .	275 escus.	
	A Monguirat, Sⁱᵉ de Cazelles, un cheval d'Espagne.	1,600 fr.	
	Au capitaine de Labastide, un cheval d'Espagne . .	300 escus.	
	A monsieur de Banville, un cheval d'Espagne. . . .	275 escus.	

ANNÉES.	DÉSIGNATION DES ANIMAUX.	PRIX A L'ÉPOQUE.	MONNAIE ACTUELLE.
	Au capitaine Mauzan, un cheval d'Espagne. . . .	275 escus	
	Au capitaine Fabien, un cheval d'Espagne. . . .	345 escus	
	Mon cheval d'Espagne à mon neveu de Bazigny .	500 escus.	
1658	Monsieur du Plénis vend à monsieur de Guise un cheval	400 escus.	
1700	Achat d'un étalon pour l'Auvergne.	500 livres	
	Achat de cinq roussins de Hollande, à 403 liv. l'un.	403 livres.	
	Achat d'un étalon auvergnat	500 livres.	
	Achat d'un étalon limousin.	600 livres.	
	Achat de juments en Limousin et Poitou, à 200 livres l'une	200 livres	
1700	Achat d'un étalon italien pour Limoges	300 livres	
1701	Achats de juments de Hollande pour Limoges . .	300 livres.	
	Achat des étalons du duc de Larochefoucauld, à 400 liv. l'un	400 livres.	
1702	Achat d'un barbe et d'un espagnol, à 400 liv. l'un.	400 livres	
1704	Envoi à monsieur de Sainsat, commissaire-inspecteur de la généralité de Limoges, d'une voiture, de deux chevaux étalons turcs, à la pièce	1,600 liv.	
1713	Achats de juments pour Limoges à 250 pistoles . .	250 pistol	
	Achat d'un poulain de deux ans à 15 pistoles	15 pistoles.	

ANNÉES.	DÉSIGNATION DES ANIMAUX.	PRIX A L'ÉPOQUE.	MONNAIE ACTUELLE.
1724	Achat d'un poulain en Marche, de 22 mois, à raison de	666 livres.	
1730	Achat d'un poulain de quatre ans, en Marche, à raison de	852 livres.	
	Achat d'un poulain de quatre ans, en Marche, à raison de	850 livres.	
	(Extrait du rapport de Rouganne, commissaire inspecteur).		
de 1760 à 1789	Cheval de cavalerie légère.	400 livres.	
	Cheval de luxe et d'officier supérieur	de 800 liv à 2,000 liv.	

CHAPITRE XI.

PRODUCTIONS DES CHEVAUX DANS LES GÉNÉRALITÉS.

Les généralités dont nous avons à parler furent créées à des époques très-différentes. Vers 1690, le roi Louis XIV, voulant faire établir l'état de chaque généralité, pour l'instruction de son petit-fils, le duc de Bourgogne, ordonna aux intendants de rédiger des mémoires sur les provinces à la tête desquelles ils se trouvaient.

Ces mémoires, il faut bien le dire, ne furent pas pour la plupart aussi bien faits qu'on le souhaitait. Nous citerons néanmoins dans ceux du Limousin, du Bourbonnais et de l'Auvergne, ce qui a rapport à l'élève et au commerce de chevaux.

Ce fut Monsieur de Bernages, qui était en 1696 , intendant du Limousin et de la Basse-Marche.

C'était un homme capable, studieux, actif et très-pénétré des grands devoirs qu'il avait à remplir.

Voici ce qu'il nous dit à l'article commerce du haut et bas Limousin : « On connoit la beauté et « bonté des chevaux du Limousin, qui passent pour « plus commodes et de plus grande ressource que « ceux de tous les autres pays de France ; ils ne sont « bons qu'à sept ou huit ans, mais quand ils ont esté « attendus jusque là, ils durent plus que les « autres ; les haras en ont esté pendant un temps né- « gligés et les chevaux que le roy y avoit autrefois « envoyés n'estoient point propres pour le pays, il « faut des estalons deschargez ; les barbes et les « chevaux d'Espagne y réussissent bien ; on com- « mence d'en prendre plus de soin et c'est un des « principaux qu'on doit prendre présentement pour « l'avantage du pays et l'utilité de l'Etat. » Et il ajoute dans l'article suivant, intitulé du *Commerce des Chevaux* :

« Le principal commerce des chevaux se fait aux « foires de Chaslus, qui se tiennent à la Saint-Georges « et à la Saint-Michel, et aux foires de Limoges qui se « tiennent aux mois de may, juillet et dessembre, et « il se vend quantité de poulains qu'on élève ensuite « dans le pays, dans l'Angoumois et Périgord, et plu- « sieurs gentilshommes de cette dernière province « en font un grand commerce et les vendent jusqu'à « cent louis et quinze cents livres. »

Bien avant cette époque, en 1550, nous trouvons dans un manuscrit du temps la réflexion suivante sur

les chevaux du Limousin : « Comme il se void de
« certaines contrées qui ne produisent aucuns fruicts
« en abondance, il semble que le Limozin porte et
« produict un nombre infiny de bons et valeureux
« chevaux, comme un fruict qui luy est propre et na-
« turel, et que d'autres provinces en comparaison
« d'elle en demeurent comme stériles. C'est le Limo-
« zin qui est un magazin de chevaux, la pépinière de
« notre cavalerie. »

En basse et haute Auvergne et pays de Combrailles,
qui ressortaient de la généralité de Riom, le mémoire
fut rédigé en 1697 par Lefèvre d'Ormesson, alors intendant.

Nous trouvons à la page 119, dans le chapitre intitulé *Nature et Qualité des Chevaux*, la description
suivante :

« Aux environs des montagnes du Mont-Dore, le
« pays est très-propre à produire une belle race de
« chevaux, vigoureux, nerveux et les meilleurs du
« royaulme, n'étant pas sujets aux fluxions, mal des
« yeux, n'y à tous les maux qui arrivent dans les
« parties du jarret, les cavales qui les produisent
« ayant assez de taille ; mais il serait nécessaire de
« les faire servir par des chevaux du Danemarck.

« Dans les montagnes de l'élection de Riom, d'Is-
« soire et de Brioude, il y a des cavales de bonne
« taille dont les paysants prennent beaucoup de
« soins, des chevaux d'Espagne, et des barbes épais

« réussiroient très-bien pour leurs saillies et en tirer
« de bons chevaux.

« Dans la Limagne, qui est dans l'élection de Cler-
« mont et de Riom, les pascages sont marescageux et
« les cavalles de taille propre à produire des che-
« vaux à deux mains. Mais pour y parvenir, il serait
« nécessaire d'avoir des roussains qui ayent de la
« finesse dans la teste et dans l'encolure, car les ca-
« valles du pays ont la plupart la teste grosse et l'o-
« reille large, ce qui provient de la mauvaise qualité
« des premiers roussains distribuez dans la province. »

A la page 118, nous trouvons à l'article *haras* :

« Les haras sont les derniers canaux qui portent
« l'argent dans la province, ils ont esté un peu négli-
« gez pendant quelque temps, mais ils se rétablissent,
« et comme les pascages sont forts propres pour
« les poulains et pour les juments, et que les chevaux
« de l'Auvergne sont bons pourvu qu'on les atten-
« dent, c'est-à-dire qu'on les ménage jusqu'à six ans,
« après quoy ils sont dans leur force et en état de
« servir encore huit à dix années, il est à croire que
« le pays en tirera de l'utilité, les poulains de deux
« ans s'y vendent quelquefois vingt-cinq pistoles.

« Le roy a fait espérer qu'il envoyroit bientôt en
« Auvergne une centaine de cavalles. Il seroit néces-
« saire qu'on y envoyat une trentaine de chevaux
« pour servir d'estalons, les chevaux de Danemarck

« sont ceux que l'expérience a fait connoître avoir le
« mieux réussy en cette province.

« Il conviendroit fort que les cavalles qu'on veut
« bien y envoyer pour l'augmentation des haras n'eus-
« sent que quatre ans, car si elles sont plus vieilles
« et qu'elles eussent accoutumé à manger du grain,
« elles ne pourront qu'à peine subsister chez les pay-
« sans qui ne leur donnent jamais que de l'herbe l'été
« et du foin l'hyver, ce qui fait qu'aussitôt qu'elles
« ont mis leurs poulains bas, elles ont peine de leur
« dónner assez de laict pour les nourrir et maigris-
« sent peu à peu et périssent aussy bien que le pou-
« lain, ce que l'expérience a assez fait connoistre. »

CHAPITRE XII.

ENVOI D'ÉTALONS EN LIMOUSIN, MARCHE ET AUVERGNE
DE 1690 A 1754.

Depuis la création des haras par Colbert, en 1665, l'administration, qui avait reçu, par le grand ministre, une vigoureuse impulsion pour venir au secours de l'industrie particulière, s'occupa de fournir aux différentes provinces d'élevage les étalons qui lui étaient nécessaires et indispensables. Elle envoyait en Limousin, Marche et Auvergne, tous les ans, les meilleurs chevaux qu'elle pouvait se procurer.

C'étaient des espagnols, des barbes et des danois. Les barbes seuls réussirent à merveille. Tous les autres ne donnèrent rien de bon dans ces provinces.

On trouve dans les archives de l'école des Chartes la correspondance des intendants, et il est facile de faire le relevé des étalons du roi qui furent envoyés dans ces provinces, de 1690 à 1754. Nous en donnons

à la fin de cet article la note exacte. Pendant ce laps
de temps, qui renferme un espace de soixante-quatre
ans, la moyenne des étalons nouveaux, chaque année,
est de 7 et une fraction. Ces étalons achetés par l'Etat
étaient placés chez les principaux éleveurs, aux con-
tions fixées par les réglements. Outre les étalons cédés
par le roi, il y avait un grand nombre de chevaux appartenant directement aux propriétaires, qui concou-
raient à la reproduction et à l'amélioration de la race.
Ils étaient généralement de la race elle-même : en Auvergne c'étaient des auvergnats, en Limousin des
limousins, en Marche des marchois. Tous ces animaux
étaient soumis à l'inspection et au contrôle des officiers de l'administration. Ils recevaient une prime
sur les fonds des haras, et devaient faire saillir
chacun une certaine quantité de juments. Lorsque le
chiffre fixé était atteint, les propriétaires touchaient
la totalité de l'encouragement qui leur était alloué ;
mais, lorsque le nombre de juments désignées n'était
pas rempli, on leur faisait une diminution propor-
tionnelle. En outre, ils recevaient des propriétaires
des cavales une rétribution pécuniaire et une certaine quantité d'avoine pour les défrayer de la saillie
de leur étalon.

Il est à remarquer qu'à cette époque le renouvelle-
ment des étalons ne se faisait pas d'une façon régulière comme de nos jours. Il y avait des moments
où l'on achetait beaucoup d'étalons, d'autres peu ou
point. Cela venait de l'irrégularité des fonds des

haras, qui n'étaient pas toujours les mêmes, qui variaient beaucoup.

Ce fut seulement sous Louis XV que le conseil d'Etat du roi décida qu'il y aurait à l'avenir une caisse de fonds fixés :

Riom reçut 40,000 livres, Limoges 26,000 livres et Moulins 26,000 livres.

L'administration des fonds de l'Etat n'avait pas pris cette saine direction que lui a imprimé Napoléon le Grand, et qui de nos jours fait que l'administration française est la plus régulière qui soit au monde.

Généralement les étalons danois, frisons, oldenbourgeois, hollandais, les forts espagnols, étaient répartis dans la Limagne, où les juments étaient plus fortes, plus grosses et donnaient de vigoureux roussains ou, comme on a dit plus tard, des chevaux de porte-manteau. De 1715 à 1725, on voulut envoyer des étalons du Nord dans la haute Auvergne ; mais les éleveurs, en cela d'accord avec les officiers des haras, déclarèrent, comme en Limousin, qu'ils ne produisaient rien de bon et on se décida à les remplacer par des barbes, des chevaux polonais, d'origine orientale, des arabes ou des napolitains.

Les étalons du Limousin furent aussi employés avec succès dans la haute Auvergne, en Limousin et en Marche. Les étalons qui réussirent le mieux furent les arabes, les barbes et ceux de la race elle-même,

choisis dans les familles les plus distinguées, déjà
alliées depuis plusieurs générations au sang d'Orient.

Ce ne fut que vers 1750 que l'on commença à donner dans ces provinces des chevaux anglais, que l'on
nommait turcks d'Angleterre. Cette introduction fut
vivement combattue par les uns et très-approuvée par
les autres. La vérité est que le bon cheval anglais,
de taille moyenne, près de terre, membré, puissant
dans la structure, d'un sang riche et précieux, a toujours bien réussi dans ces trois provinces, toutes les
fois qu'il a été allié à de bonnes juments et que ses
produits ont été bien nourris. A une époque où l'agriculture était presque dans l'enfance, c'était commettre
une grave erreur que de se servir de l'étalon anglais,
qui exige une forte nourriture, tandis que le barbe et
l'arabe vivent facilement partout. Aujourd'hui, la
question a changé de face. Les éleveurs pour la plupart comprennent qu'il faut nourrir avec une certaine
abondance, pour créer des chevaux sinon plus énergiques, plus vigoureux que ceux du temps passé, du
moins pour leur faire prendre une taille et une ampleur de formes plus considérables. Il faut au cheval
de notre époque une certaine force, un certain poids
pour être attelé aux voitures légères. La solution de ce
problème est aujourd'hui facile à résoudre en Limousin, en Marche et en Auvergne. Autrefois le cheval
vivait et s'élevait à la prairie, on ne lui donnait pas de
grain ; les malins de l'époque pensaient que l'avoine
fournie aux jeunes animaux produisait la fluxion. On

est revenu sur tous ces préjugés, et les éleveurs qui veulent faire des animaux en rapport avec les besoins de notre civilisation, ne craignent plus une alimentation riche et puissante pour leurs élèves. L'agriculture a fait de grands progrès depuis un quart de siècle, et elle fournit maintenant toutes les ressources nécessaires à une alimentation substantielle.

Limousin et Basse Marche, de 1690 à 1754.

1690. — Envoi de dix barbes à.Limoges. — Achat en 1690, à Tripoli, de vingt-et-un chevaux, cavales ou poulains, ramenés sur la flûte du roi, appelée la *Baleine,* par le Maire, commandant Aubert. (1)

1696. — Envoi de dix barbes et de quatre juments aussi barbes, à Limoges.

1700 et 1701. — Envoi de onze barbes, quatre turcks, trois espagnols, dix-huit barbes, deux italiens.

1702 et 1703 — Envoi de vingt-sept barbes, deux espagnols, un anglais. — Ce fut cette année que des achats considérables eurent lieu en Turquie, Barbarie et à Constantinople.

1704 à 1715. — Envoi de cinq barbes, deux espagnols, un anglais.

1716 à 1736. — Il arriva en 1716 un convoi de chevaux barbes, à Marseille, pour le Limousin. En-

(1) Tiré des bureaux de la guerre.

voi d'un turck, quinze barbes, douze espagnols, neuf anglais, six danois, deux moldaves, sept polonais, deux italiens, deux irlandais et deux tartares.

1736 à 1754. — Envoi en Limousin de vingt barbes, quinze anglais, deux irlandais, dix-huit espagnols, deux napolitains, huit danois.

Haute et basse Auvergne et pays de Combrailles

1700 à 1701. — Envoi de quarante-quatre roussains noirs de Juliers, de trois limousins, deux anglais, quatre barbes et deux espagnols.

1702 à 1703. — Achat en Limousin de vingt étalons limousins pour haute Auvergne.

1704 à 1715. — Envoi de roussains noirs de Juliers douze.

1716 à 1736. — Envoi de trente-et-un barbes, vingt espagnols, six turcs, six polonais, trois anglais, dix danois, dix limousins.

1736 à 1754. — Envoi de quinze limousins, neuf barbes, douze espagnols, quatre turcs, douze polonais, deux arabes, neuf roussains de Danemarck.

Haute Marche, dépendant de Moulins.

1690. — Envoi à Moulins de trois barbes pour la Marche, deux limousins.

1697. — Envoi de quatres barbes et quatre limousins.

1700 à 1701. — Envoi de trois limousins et un barbe.

1702 à 1703. — Envoi d'un barbe.

1704 à 1715. — Envoi d'un arabe, d'un barbe et de deux limousins.

1716 à 1736. — Envoi de trois barbes.

1736 à 1754. Envoi de trois limousins, un anglais et trois barbes.

Non-seulement, le roi envoyait des étalons pour être répartis dans les généralités, mais il faisait conduire aussi des juments, prises dans les dragons, la cavalerie, l'artillerie, ou le service des vivres, pour faire des poulinières.

Tous les frais de conduite étaient supportés par sa Majesté, « qui voulait gratifier ses subjets et leur « donner la facilité de remettre l'abondance des « chevaux dans son royaume. »

De plus, il faisait acheter en Orient, en Barbarie, pour être distribués aux meilleurs éleveurs, des juments arabes et barbes ; mais elles ne produisirent pas bien, n'étant pas acclimatées. Le changement de pays, de sol, de nourriture, influe davantage sur les femelles que sur les mâles, parce que généralement leur nature est plus sensible et plus nerveuse, surtout quand elles sont livrées à la reproduction. On achetait souvent, au prix moyen de 200 livres, des juments en Poitou, à Chaudeniers et à Niort, pour les mener en Limousin, où elles étaient cédées aux propriétaires éleveurs à moitié prix.

Ils s'engageaient à les livrer à la reproduction.

Généralement les juments poulinières étaient bonnes et nombreuses en Limousin. Les sacrifices de part et d'autre avaient été considérables. Chaque année, monsieur de Sainsac, commissaire de haras, recevait au moins 2,000 livres pour se procurer de bonnes juments.

En 1708, l'amélioration était très-marquée, et la foire de Chaslus, plus belle que jamais, avait vu vendre plus de six cents bons poulains de deux et de trois ans. Nous trouvons dans la Correspondance des Intendants de 1713 une indication qui ne nous laisse aucun doute à ce sujet :

« Le Limozin est par luy-mesme assez peuplez de « belles et bonnes cavalles. Il ne s'agit donc que de « les y maintenir pour arriver au plus haut degré de « perfection, de multiplier l'espèce des bons chevaux ; « et comme le pays en fourny aussy par luy-mesme, il « faut trouver les moyens d'y faire rester les plus « beaux pour servir d'estalons, et empêcher qu'ils ne « se vendent aux estrangers. »

CHAPITRE XIII.

CHEVAUX LIMOUSINS, MARCHOIS ET AUVERGNATS,
LEURS QUALITÉS.
POTRAITS DE CES TROIS FAMILLES.

Les chevaux du Limousin, de la Marche et de l'Auvergne sont une même race divisée en trois familles. Celle du Limousin est à coup sûr la plus distinguée, la plus valeureuse, celle qui a été la plus prisée en tout temps et dont l'illustration a traversé les siècles. Les deux autres, avec une valeur moins grande, mais néanmoins recommandable, ont fourni des chevaux souvent d'un mérite supérieur et d'une rare énergie.

La famille marchoise se rapproche peut-être davantage de celle du Limousin, elle est moins grande, mais plus forte, moins fashionnable, mais plus soutenue.

Celle de l'Auvergne ne manque pas de valeur, mais elle n'a pas la fine délicatesse de celle du Limousin ni la forte constitution de celle de la Marche. C'est le véritable cheval montagnard, avec sa rudesse, souvent avec ses défauts d'aplomb dans l'arrière-main, mais aussi avec sa fière énergie.

La famille limousine a fourni pendant de longues années des étalons aux deux autres, qui n'ont pas eu cet honneur jusqu'en 1790.

A coup sûr, le Limousin a donné les premiers chevaux de cavalerie légère de la France ; et nous trouvons depuis la création des haras, dans les mémoires des intendants, dans les rapports des officiers des haras, un concours unanime à ce sujet.

« Ceux qui sont nourris ès montagnes sont les meilleurs, comme sont ceux d'Auvergne, de Limousin, de Marche, Dauphiné et Béarn (de Ruiny 1643). »

Les meilleurs chevaux de selle viennent du Limousin; ils ressemblent assez aux barbes, ils sont tardifs dans leur accroissement, il faut les ménager dans leur jeunesse et ne s'en servir qu'à huit ans. (*Correspondance des Intendants*).

Les chevaux de selle de France les plus estimés viennent du Limousin et de l'Auvergne. (*Le parfait maréchal de Garsault, capitaine des haras du roi*).

Les chevaux limousins sont très-bons, ils sont propres pour la chasse, ils ont bon pied et la vue bonne. Il s'en trouve qui ne le cèdent en rien aux chevaux anglais, qui sont néanmoins, sans contredit, les meilleurs du monde (*Traité d'équitation de Saulnier*).

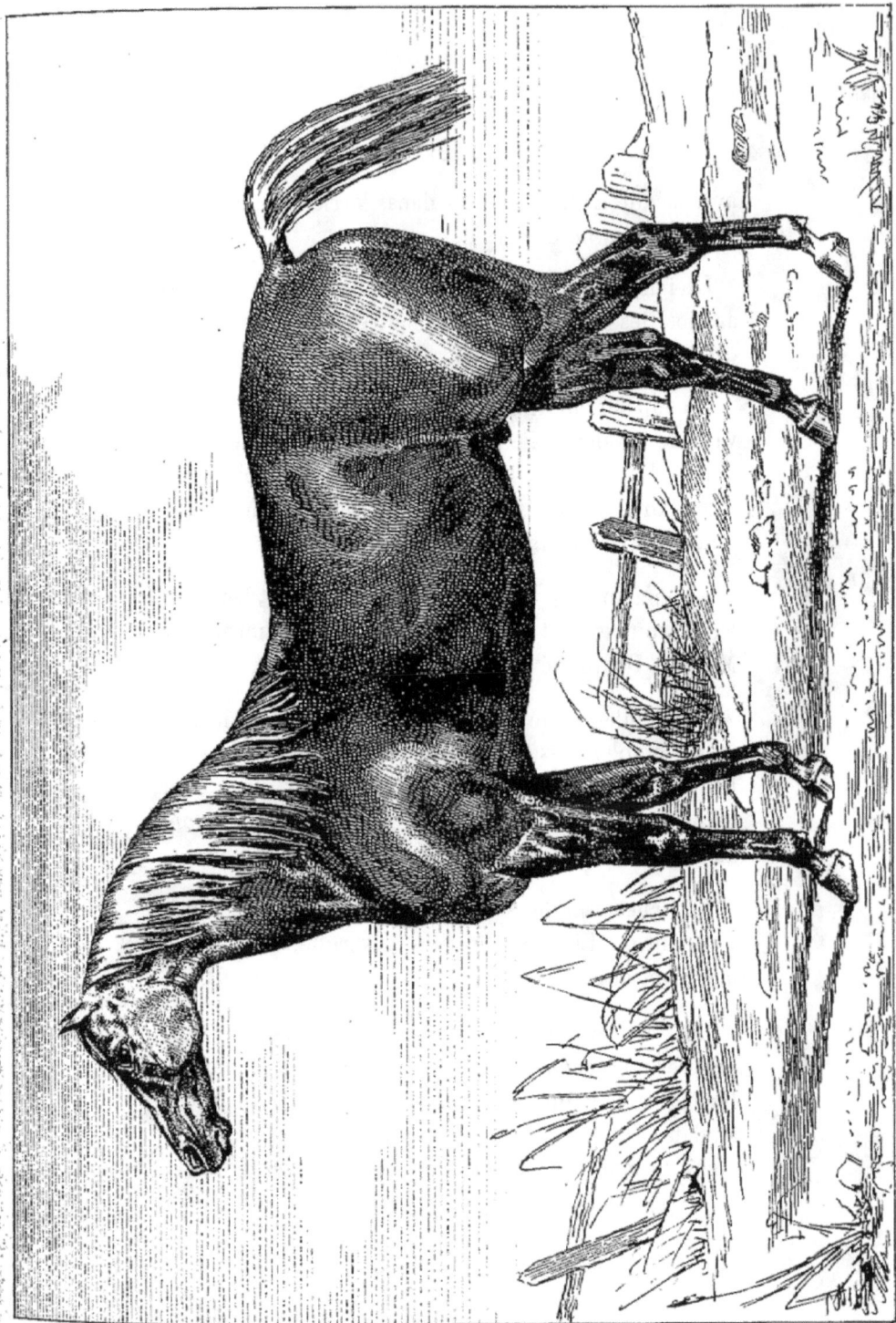

Il n'y a dans le royaume aucune province qui produise des chevaux aussy beaux ni aussy fins que le Limousin, soit pour la chasse, soit pour l'usage des seigneurs, ny d'un meilleur service quand on ne les monte qu'à sept ou huit ans *(18 Novembre 1713, mémoire du comte de Pontchartrain à monsieur d'Orsay, intendant à Limoges).*

Aucune partie de la France ne peut présenter des avantages comparables à ceux dont la nature a favorisé le Limousin pour l'élève des chevaux de selle, infiniment recherchés pour la guerre, la chasse et le manége *(Mémoires de 1740).*

C'est la province du royaume (Limousin) qui doit fournir les plus beaux chevaux de maître et en plus grand nombre, et les ordres du roy sont donnés à ce sujet. *(Correspondance des intendants, 1700).*

Je sais que les chevaux du Limosin estant fins et légiers, ils ne peuvent convenir qu'aux officiers et pour la chasse. Aussy lorsque j'ai demandé au sieur de Sainsac combien on pourrait trouver de ces chevaux de service dans son département, c'est principalement par rapport au service des officiers. *(Lettre de monsieur de Pontchartrain à monsieur de Bouillé, 1705).*

J'apprends avec plaisir le bon estat de vos haras et le bon nombre de chevaux qui vous restent, malgré la grande quantité qui a esté enlevée. *(Lettre de monsieur de Pontchartrain à M. de Bernages, intendant, 1706).*

Le Limousin étant un pays de côtes, les poulains s'y exercent mieux, déploient leurs épaules, gagnent de l'haleine ; les pâturages en sont ni trop gras ni trop humides, secs, ce qui garantit les chevaux du poil aux jambes, des gros pieds, leur donne une constitution sèche, légère et nerveuse. *(Archives du Ministère de l'Intérieur, 1787).*

Le Limousin est capable de produire les plus excellents chevaux pour la cavalerie légère. *(1791, Bouchet de la Jestiène, ex-inspecteur général).*

Aucune partie de la France ne peut présenter des avantages comparables à ceux dont la nature a favorisé le Limousin, l'Auvergne et la Marche, pour l'éleve des chevaux de selle, infiniment recherchés pour la guerre, la chasse et le manége. *(Extrait d'un manuscrit de 1763).*

La province de la Marche est une de celles du Royaume les plus propres à donner le cheval de maître, pour les dragons et les hussards. *(Rapport de Rouganne, commissaire-inspecteur).*

Les chevaux de la province de la Marche, moins légiers et fins que les limozins, sont plus forts, parce qu'ils sont eslevez dans des pâturages plus nourrissants. *(Manuscrit de 1754).*

Et il en sort (de la Marche) les meilleurs chevaux du monde, et tous ceux que l'on dit, qui viennent de l'Auvergne et du Limousin, n'en sont pas tous, et il y en a beaucoup de la Marche. On a vendu des chevaux de ce pays 1500 francs et cent louis d'or. *(Manuscrit signé de St-Germain. Archives de l'école des Chartes)*.

Les chevaux de l'Auvergne sont énergiques, sobres, durs à toutes les fatigues, eslevez dans un pays abrupte et pas subjet au mal des yeux. *(Correspondance des Intendants)*.

Les chevaux de l'Auvergne sont les meilleurs du royaume, n'étant pas sujet aux fluxions ni aux maladies que donnent les pays marescageux *(Mémoire sur l'établissement des haras en Auvergne par de Garsault, 1698)*.

Les chevaux de la haute Auvergne sont fort estimés *(Etat de l'Auvergne, par de Ballainvilliers, 1765)*.

Il serait facile de continuer les citations et les appréciations sur les chevaux de ces trois provinces; mais celles-ci suffiront, comme émanant d'un certain nombre d'hommes distingués.

Le cheval limousin était svelte, élégant, sa tête était fine, sèche, un peu étroite et longue, très-légèrement busquée, comme celle du barbe dont il avait retenu beaucoup de la conformation. Ses oreilles étaient longues, bien placées, son encolure fine, gracieuse, avait une légère dépression qui la faisait appeler *coup de hache*. Les hanches étaient saillantes, les membres forts et sûrs, les os puissants, les jarrets nets. Le limousin d'autrefois était un cheval plus puissant qu'on ne se l'imagine de nos jours. Mais le corps manquait peut-être un peu de l'ampleur que l'on souhaite ; les paturons étaient souvent trop longs et trop flexibles, les pieds étaient disposés à l'encastelure. Il n'était bon qu'à l'âge de sept à huit ans, mais, attendu, il durait jusqu'à vingt-cinq et trente ans. Il avait une taille qui variait de 1ᵐ 48 à 1ᵐ 52.

Le cheval marchois avait beaucoup d'analogie avec son frère le limousin, mais il était moins distingué, plus fort, plus ramassé. Il avait néanmoins une élégance relative ; la tête était carrée et non busquée, les oreilles étaient petites et bien placées, son encolure était plus courte que celle du limousin, ses hanches étaient moins saillantes, ses membres étaient forts, il avait plus de corps que le limousin, ses paturons étaient plus courts et pas aussi flexibles, ses pieds étaient bons ; il pouvait servir plus tot que le limousin, à cinq ou six ans. Sa taille était un peu moins élevée, de 1ᵐ 47 à 1ᵐ 50 ; il était dur au travail, résistant à la fatigue et très-sobre.

Le cheval auvergnat est comme celui de la Marche, moins distingué, plus commun que le limousin proprement dit. Sa taille est moins grande, elle ne dépasse pas 1ᵐ 49 et descend quelquefois à 1ᵐ 45. Sa tête est carrée, courte, l'œil est plein de feu, les oreilles sont petites, les naseaux grands, le garrot est proéminent, le rein est bon et ferme dans sa ligne, la croupe est souvent basse, les membres sont puissants pour la taille, secs et nerveux, mais les jarrets sont crochus et

clos, comme dans tous les animaux élevés dans les
montagnes et les contrées escarpées. Les paturons sont
très-courts, la corne résistante. Tel était le cheval d'autrefois dans la haute Auvergne, car nous ne devons pas
oublier que dans la Limagne, la race était légèrement
modifiée. Les pâturages, plus abondants, donnant une
nourriture plus forte, avaient créé des animaux plus
grands, plus gros, mais moins distingués. Le cheval
de la Limagne fournissait le bon roussain, celui que
l'on appela depuis cheval de porte-manteau. Il avait
une taille de $1^m 50$ à $1^m 55$, la croupe large, la tête grosse,
l'encolure courte. Voici ce que nous trouvons dans le
mémoire sur la généralité de Riom de 1696 :

« Dans la Limagne, qui est dans l'élection de Cler-
« mont et de Riom, les pascages sont marescageux et
« les cavalles de taille propre à produire des chevaux
« à deux mains. Mais pour y parvenir seurement, il
« serait nécessaire d'avoir des roussains qui ayent de
« la finesse dans la teste et dans l'encolure, car les
« cavalles du pays ont la plus part la teste un peu
« grosse et l'oreille large, ce qui provient de la mau-
« vaise qualité des premiers roussains distribuez
« dans la province. »

CHAPITRE XIV.

LES ÉLEVEURS DE CHEVAUX EN LIMOUSIN, AUVERGNE
ET MARCHE, DEPUIS L'AN 1000 JUSQU'EN 1665,
ÉPOQUE DE LA CRÉATION DES HARAS.

Au moyen âge, dans cette puissante hiérarchie
féodale, qui était basée sur la terre et sur le fait des
armes, tous ceux qui possédaient le sol étaient de
grands ou petits éleveurs de chevaux.

Tous ces tenanciers avaient d'immenses propriétés
couvertes de forêts ou de pâturages, où étaient élevés
de nombreux animaux à l'état demi-sauvage. Il
n'est pas possible de trouver des indications à ce sujet dans les historiens anciens ou dans les vieux titres, mais il est facile néanmoins de connaître à peu
près quels étaient les seigneurs puissants de cette époque, qui s'occupaient de l'élève du cheval. Tous les
hauts barons avaient des haras, des écuries nombreuses
et bien montées. Dans ce temps de guerres, le cheval
avait une valeur très-élevée. C'était une nécessité
pour le gentilhomme, qui aurait dérogé, s'il avait

combattu à pied, de posséder un puissant dextrier, un léger palefroi.

A cette époque, il était facile de juger, d'apprécier quelle était la puissance d'une maison, en connaissant le nombre des chevaux.

Un grand seigneur avait toujours une suite nombreuse, souvent montée à ses frais. C'était au nombre des chevaux qu'on jugeait de la qualité du gentilhomme.

Bayard, le chevalier sans peur et sans reproche, avait six grands chevaux par excellence, c'est-à-dire six dextriers, plusieurs bons roncins (roussains) et quelques petits courserots, sans compter les sommiers et les mulets (1) (1,500). Car une partie de la montre du chevalier gist en la bonté de son cheval (2) (1515).

Un jour, messire Antoine de Vivonne se plaignit au roi François Iᵉʳ de ce qu'il l'avait oublié, pour penser à Bonnivet, un cadet qui n'entretenait dans son « es- « cuyrie que cinq ou six chevaulx. »

La production et la consommation, à cette époque, avaient un même but et des intérêts identiques. Ceux qui élevaient étaient les plus grands consommateurs, aussi avaient-ils tout profit à élever de bonnes productions, puisqu'ils étaient appelés eux-mêmes à s'en servir.

(1) Histoire de Bayard.
(2) Mémoires de Gaspard de Tavannes.

Dans ce temps du moyen-âge, les chevaux avaient une valeur qu'ils n'ont pas repris depuis cette époque dans les pays d'élevage. Non-seulement l'éleveur était dédommagé de ses avances, mais il avait un bénéfice assuré. C'était ce qui excitait la production. Le commerce qui, sur ce point, était considérable, se chargeait aussi d'indemniser, par des prix élevés, le producteur de ses soins et de ses dépenses.

Ainsi, au VIII⁵ siècle, un nommé Jean ayant offert à Louis, roi d'Aquitaine, un excellent cheval, conquis sur les Arabes dans un combat en Catalogne, ce prince, pour reconnaître ce présent, concéda au donataire une terre dans les environs de Narbonne. Les chevaux du Limousin, de la Marche et de l'Auvergne, étaient dans toute leur gloire ; ils faisaient à cette époque une heureuse concurrence aux barbes et aux espagnols qui, pourtant, étaient fort réputés, à juste titre.

Ceux des devoirs qui entretenaient au plus haut degré, chez la noblesse, le désir et le besoin de posséder de bons et brillants chevaux, étaient les montres des gentilshommes, qui se tenaient, par ordre du roi, dans chaque élection, et où les possesseurs de fiefs étaient tenus d'assister eux et leurs hommes, avec armes, et chevaux bons et puissants. (1)

La négligence à une de ces formalités pouvait en-

(1) Houel.

traîner la privation du fief. Le métier de gentilhomme à cette époque n'était pas une sinécure, comme
on le pense généralement. Les droits n'existaient
qu'à la condition des devoirs. Celui qui possédait un
fief devait, à toute heure, être prêt à verser son sang
pour le pays. Aussi devait-il, à toute réquisition, paraître à cheval, l'épée à la main. (1)

En visitant les provinces de l'Auvergne, de la Marche et du Limousin, on rencontre de nombreuses traces de ces splendides écuries voûtées, qui renfermaient de si précieux coursiers et en si grand nombre.

« La demeure du seigneur estoit souvent un petit
castel, clos de foussés et abrité de murs hauts et puissants, contre lesquels estoient souvent appuyées des
écuries larges, hautes, vastes et presque toujours
voûtées. »

Les grands éleveurs dela haute Auvergne étaient,
de 1000 à 1665 : de Leothoing, Itier de Magnac, de
Murat, de Dienne, de Lastie, Châteauneuf d'Apehon,
de la Rochefoucauld, de la Guiche, de Beaufort-Ca-
nillac de Saillant, de Severac, de Cropières, de Fabregues, de Sedaiges, de Fontanges, de Lignerac,
de Pestel, de Caylus, de Mercœur, de Flageac.

De la basse Auvergne : de la Roue, de Bastie, de
Villelume, de Blot, de Langeac, du Drac, de St-Nec-
taire, de Rochefort, de Montgascon, de Coiffier d'Et-

(1) Houel.

tiat, de Gimel, de Murols, de Chaslus, de la Tour
d'Auvergne, d'Espinchal, de la Fayette, de Genestoux,
de Montmorin, de Montaigu, de Montravel, Destaing,
Allègre, de Bassignac et tant d'autres.

En Limousin, c'étaient les Turenne, de Ventadour,
de Comborn, de Born, de Noailles, de Rouffignac, de
Pierre Buffière, de Royères, de Jumilhac, de Roche-
chouart, de Bonneval, de Pompadour, d'Escars, de
Nieul, de Magnac, de Sedières, de St-Aulaire, de
Cosnac, de Lostanges, de Nexon, d'Haulefort, de
Saint-Jal, etc.

Dans la haute et basse Marche : de Laval, de Luzi-
gnan, de la Marche, de Montbas, de la Celle, de la
Roche-Aymon, de Brosses, de Malval, etc.

Il n'est pas inutile de parler ici de l'intention qu'eut
François Ier de fonder en Auvergne un haras de
grands chevaux. Le roi chevalier avait visité ce pays
et 1533. Il avait été frappé de ces vastes pâtures
où tant de bestiaux sont élevés, et il avait pensé à
juste titre que les lieux étaient favorables pour élever
de nombreux chevaux.

« Sire, quand vous estiez en Auvergne, il vous
« pleut me faire cest honneur de me dire que vous
« voullès dresser ung haras de grands chevaulx aux
« montagnes d'Auvergne, et me semble que n'avès
« guyères lieux en vostre royaulme qui soit mieulx
« pour ce faire ni pour y metre une grand'quantité
« de jumens. Et s'il vous plaist me faire ceste hon-

« neur de m'envoyer le nombre qu'il vous plerra, je
« les logeré si bien que vous ne vous doniez de
« guarde, que vous aurez un si grand nombre de
« chevaulx qu'il ne faudra point les aller chercher
« hors de vostre royaulme: Que me semble que ce
« seroit un gros proffit pour vostre gendarmerie.

« Sire, le pavre Verhard boysteux, le vous heust
« dit et il a longtemps et dernièrement que vous
« partites de Paris aveques l'empereur ; mais il ne se
« ousa approcher de vous, parcequ'il estoit si très-
« malade, etc. » (1.)

Mais sa pensée, qui était fort bonne, ne fut pas mise
à exécution. On prétend que Charles IX avait établi
des haras en Auvergne. Le fait peut être vrai, mais
je n'en ai trouvé l'indication dans aucun titre.

(1) Cette lettre, d'une écriture du XVIe siècle, est entre
les mains de la famille de Lalo de Mauriac.

CHAPITRE XV.

DE L'ÉTALON.

Le choix de l'étalon est une chose difficile et grave. Elle mérite les plus grands soins, elle exige des connaissances approfondies. Les auteurs anciens qui ont écrit sur l'équitation et sur les haras diffèrent peu dans leurs appréciations sur ce sujet.

A part quelques erreurs ou quelques préjugés dont le temps a fait justice, ils sont d'accord sur ce point que de la valeur de l'étalon et de la jument dépend le sort du haras.

Le grand poëte Virgile, dans ses *Georgiques*, s'occupe du haras et des étalons. Voici les qualités qu'il exige dans un animal destiné à la reproduction. Ni ses devanciers, qui ont écrit sur la matière, ni lui ne nous parlent du croisement des races :

Des gris et des bais bruns on estime le cœur.
Le noir et l'alezan clair languissent sans vigueur.
L'étalon généreux a le port plein d'audace,

Sur ses jarrets pliants se balance avec grâce ;
Aucun bruit ne l'émeut ; le premier du troupeau
Il fend l'onde écumante, affronte un pont nouveau,
Il a le ventre court, l'encolure hardie,
Une tête effilée .   .   .   .   .   .   (1)

Il faut remarquer ici que Virgile choisit les gris et les bais bruns comme possédant les poils les plus recherchés à son époque, et dénotant les caractères qui donnent les animaux les plus vigoureux.

Quand nous en serons aux auteurs du moyen âge, nous verrons qu'eux aussi tiennent à certains poils et rejettent les autres.

« Le poulain doist estre engendré par un estallon « bien et diligemment contregardé, qui ait un air vif, « de bonne race surtout et qu'il soit gaillard. La teste « subtile et sèche, la bouche grande et ouverte, le nez « grâd et enflé, les yeux gros et allaigres, les oreilles « petites, le col long, sec et menu, les crins rares vers « la teste, la poictrine large et ronde, le râble gros, les « cuisses grandes, les hanches longues, la queue gros- « se et peu de poils, les jarrets larges et secs. (2)

Jean Tacquet, escuyer, seigneur de Lechesne, sans entrer dans de longs détails sur les qualités de l'é- talon, se contente, dans sa *Philippica* ou *Haras des chevaux*, de dire « qu'il faut se servir pour estallons « de chevaux d'Espagne ou de Barbarie (1614), et que

(1) Traduction de Dellile.
(2) Extrait du *Trésor des Bêtes Chevalines*.

« l'on doit regarder à nul argent pour avoir bon estal-
« lon. »

Dans l'ouvrage intitulé la *Cavalerie Française*, composé par Salomon de la Broue, escuyer d'escuirie du
roi en 1628 : « Je mets, dit-il, le vray genest d'Espa-
« gne au premier rang, lui donnant ma voix, comme
« au plus beau, plus noble, plus gracieux estallon, aus-
« sy le vrai cheval turck ou barbe qui a grande haleine.
« Cet estallon, doncques, dont l'on désire tirer race,
« doist estre large et ammassé de corps, de taille mo-
« ne. »

En 1658, le marquis de Newcastle, écuyer anglais
des plus réputés, qui a écrit un long ouvrage sur l'é-
quitation et les haras de son époque, regarde comme
ses favoris les chevaux barbes des montagnes, à cause
de leur bonne taille et de leur longue haleine, et il
ajoute : « pour vostre estallon, il n'y a vraiment
« aucun cheval meilleur qu'un beau barbe bien choisi,
« ou un cheval d'Espagne, pour donner bonne teinc-
« ture à votre haras. »

Dans le *Traicté des Chevaux*, par Baret, seigneur de
Rouvray, gentilhomme tourangeau, publié en 1645,
nous trouvons ceci :

« Doist l'estallon, pour estre beau, avoir la teste
« petite et sèche, les oreilles petites, poinctues, le
« front ample et sec, les yeux gros, noirs et sortants
« comme ceux d'un bœuf, les temples (tempes) moyen-
« nes et sèches, les maschoires desliées et maigres, les

« naseaux grands et ouverts, une bouche bien fendue,
« les lèvres un peu tombantes, les gensives délicates
« et larges de l'une à l'autre, le col ni trop
« long ni trop court et proportionné au corps, court
« d'eschine, les épaules longues, larges et bien four-
« nies, les cuisses grosses, longues et charnues, les
« couillons petits et retroussés, les jambes larges d'os
« et de nerfs, les joinctures semblables à celles d'un
« bœuf et seiches, les paturons courts, peu couverts
« de poils, qui ne plient sur les talons, l'ongle du
« sabot bien vif, sans cercle, le talon haut et ample,
« les neuds de la queue courts et la dite queue pleine
« de grands et beaux crains. »

Il donne la préférence aux barbes et aux genêts d'Espagne.

Pendant tout le moyen âge, ces deux races ont été fort recherchées et très-estimées. On les a employées, comme étalons, dans les races du Limousin, de la Marche et de l'Auvergne. Mais il faut bien le dire, les barbes seuls ont réussi et se sont alliés avec succès et profit aux juments de ces provinces.

Dans la Limagne pourtant, où les pâturages sont gras, puissants et se rapprochent assez de ceux de l'Andalousie, les chevaux d'Espagne ont été bien accueillis et ont donné des productions excellentes. Les chevaux arabes, barbes, syriens, ont toujours été employés concurremment avec ceux du pays à relever la race des juments, et c'est d'eux dont on a obtenu les meilleurs résultats.

Ils avaient, du reste, au moyen âge, une grande
réputation. Le duc de Newcastle, dans son *Traité sur
l'Equitation et les Haras*, cite un vieux seigneur qui
était soldat sous Henri IV et qui lui avait dit, en
France, qu'il avait vu plusieurs fois des barbes renverser au choc de grands chevaux de Flandre.

Prenez l'os de la jambe d'un barbe, ajoute-t-il,
ce que j'ai éprouvé, vous trouverez que c'est tout os,
et qu'il n'y a de vuide au milieu qu'un petit trou, où
une paille ne saurait entrer, et l'os de la jambe d'un
cheval de Hollande a un trou où vous mettriez presque
le doigt.

« Pierre de la Noue, dans son ouvrage intitulé la
« *Cavalerie Française*, désigne comme estant le meil-
« leure estallon le cheval de Barbarie, et veut qu'il
« soit employé à la monte de six à quatorze ans, par-
« ceque, *en ce cours de leur vie est la fine fleur et le
« vray sucre de leurs amours.* »

Gaspard de Saulnier, de son vivant écuyer de l'illustre université de Leyde, homme de cheval des plus
fameux et des plus savants de son temps (1663 à
1748), a donné son avis sur le haras dans son *Art de
la Cavalerie*. Il s'exprime ainsi : « Il faut que le
cheval que l'on choisit pour étalon soit net de toutes
sortes de défauts, tant à l'égard de l'humeur que des
caprices, car les poulains qui en proviendraient seraient sujets aux mêmes vices. Pour en revenir au
train de derrière, je dirai que cette partie du cheval

doit être encore plus saine que celle de devant, il faut donc bien examiner ses jarrets, pour voir s'il n'y a pas d'*éparvins, de courbes où de jardons.* » C'est à l'étalon espagnol et surtout au barbe qu'il accorde la préférence.

Bien avant de Saulnier, Laurent Ruse, dans son livre de *la Mareschalerie,* publié en 1585, apprécie ainsi le fait du haras :

« Il est nécessaire eslire bons parents pour avoir « bons chevaux, et l'estallon bien choisy et de « bonne race doist avoir la teste petite et seiche, « l'oreille courte et poinctue comme un aspic, les yeux « grands non enfoncés dans la teste, le col long et « gresle à partir de la teste, le garrot aigu, le dos « court, les jambes seiches et grosses, la couleur « baye, bai-brun ou brun blanc. »

Comme tous les auteurs qui ont écrit depuis 1400, il veut pour estallon un genest d'Espagne ou un barbe fort et puissant. Ces deux races de chevaux eurent, pendant toute la période du moyen âge, une grande vogue pour les services militaires de la noblesse et comme reproducteurs. Ils furent, comme nous le verrons, employés comme étalons en Limousin, Marche et Auvergne ; mais les barbes seuls réussirent dans ce croisement, les espagnols, quoique fort beaux, d'un sang riche et précieux, ne s'allièrent pas avec fruit à cette race.

Il n'était pas question à cette époque des chevaux

anglais, puisque cette race n'était pas définitivement
créée.

Les premiers animaux de cette famille qui furent
importés en France arrivèrent de 1600 à 1602, conduits par un nommé Quinterot, marchand de chevaux
d'origine anglaise. Ils eurent bientôt les succès qu'ils
méritaient. On les désignait sous le nom de leur
acheteur ; aussi quand on voulait parler d'un cheval
d'origine anglaise, on disait c'est un *quinterot*. Plus
tard, on les appela *Turcs d'Angleterre*. Notre grand
naturaliste, Buffon, s'est trompé étrangement sur la
question du croisement et du choix de l'étalon ; il a fait,
par ses fausses théories, un mal immense à nos races.
On s'en est malheureusement aperçu trop tard. Ce grand
écrivain, dont la plume facile et colorée a écrit de si
belles descriptions, a fait fausse route au sujet des
croisements. Il voulait voir prendre dans toutes les
races les beaux sujets et, les réunissant ensemble, en
tirer des produits d'élite.

C'était tout simplement arriver au chaos le plus
complet.

Bourgelat suivit la même ligne de conduite, parta-
gea les mêmes idées. Homme de cheval distingué,
écuyer renommé, vétérinaire savant et habile, il ne
comprit rien au croisement des races. Comme Buffon,
il pensa que l'amélioration venait aussi bien du nord
que du midi.

Le premier qui indiqua d'une façon précise, nette,

la marche de l'amélioration des races de chevaux, fut le célèbre Cuvier. Il dit : « Les races pour l'amélioration de l'espèce chevaline vont du midi au nord et non du nord au midi, parceque le premier cheval est originaire de l'Orient. »

CHATEAU DE POMPADOUR

GHAPITRE XVI.

POMPADOUR. SON ORIGINE. CRÉATION DU HARAS.
VENTE DE 1790., RÉTABLISSEMENT DU HARAS.
EMPIRE, RESTAURATION, ETC.

Le château de Pompadour est placé sur un des points
les plus élevés de la province du Limousin, à son extré-
mité du côté du Périgord. Ses tours élevées, ses créneaux
antiques, ses vastes fossés, ses prairies immenses, son
hippodrome, les bois qui l'entourent, font de ce lieu une
résidence incomparable, auquel on n'a rien à lui opposer
dans tout le centre de la France.

Certains auteurs prétendent que César fut le
premier qui y fit bâtir une forteresse. La chose nous
paraît difficile à prouver. On a l'habitude d'attribuer à
ce grand capitaine la construction d'une foule de
châteaux et de camps retranchés, qui ne furent évidemment que l'ouvrage de ses successeurs à l'empire
du monde.

10

La puissante maison de Pompadour est, dit-on, une branche cadette des vicomtes de Limoges. (1)

Le premier nom qu'elle porta fut celui d'Elie.

Ce fut Guy de Lastours, surnommé tête noire, à cause de sa belle chevelure, qui construisit le puissant castel de Pompadour en 1026.

Il avait épousé Ingaleine de Mallemort, fille du baron Giraud de Mallemort, et reçut d'elle la terre de Pompadour. Guy, de concert avec sa femme Ingaleine, qui était comme lui pieuse et dévouée à Dieu (2), fonda, près de son château, l'église d'Arnac, sous l'invocation de saint Pardoux et saint Martial. Il y établit ensuite une chapelle composée de dix chanoines titrés. Là ne s'arrêtèrent pas leurs bienfaits. On vit bientôt s'élever un couvent d'hommes et un de femmes qu'ils dotèrent richement. Guy mourut jeune, sa sainte compagne Ingaleine, se retira dans le couvent qu'elle avait fait bâtir. Quand la mort vint la prendre, elle fut, suivant son désir, enterrée devant la porte qui allait de l'église au monastère. (3) De cette union, il naquit un seul fils, qui se maria avec Mathilde de Turenne.

Nous n'entrerons pas ici dans la généalogie de toute la famille de Pompadour, qui fournit des évêques distingués, de vaillants capitaines, nous dirons seulement que Léonard Philibert, vicomte de Pompadour,

(1) Dictionnaire de Morery page 798.
(2) Extrait de la chronique de Vigeois.
(3) Extrait de la chronique de Vigeois.

qui mourut en novembre 1634, avait été en 1621 lieutenant-général du haut et bas Limousin, maréchal de camp des armées du roi en 1622, et chevalier des ordres en 1633.

Il se maria trois fois et n'eut d'enfants que de son dernier mariage, avec Marie Fabry, fille aînée de Jean Fabry, trésorier de l'extraordinaire des guerres.

Il fut le père de Jean III, qui porta le premier titre de marquis de Pompadour. Il fut lieutenant général des armées du roi, gouverneur du haut et bas Limousin. Il mourut en 1664 et avait été marié à Marie, vicomtesse de Rochechouart. Il en eut quatre enfants. (1)

1° Jean, marquis de Pompadour, guidon des gendarmes du roi, mort sans enfants;

2° François, baron de Treignac, mort sans alliance;

3° Marie de Pompadour, mariée en 1674 à François d'Espinay, marquis de St-Luc;

4° Marie Françoise de Pompadour, mariée à François Isaac, marquis d'Haulefort, lieutenant-général des armées du roi.

Ces deux dames moururent toutes les deux sans postérité.

La race des Pompadour venait de s'éteindre.

La terre de Pompadour passa donc dès lors à Mademoiselle Françoise-Augustine de Choiseul, à la con-

(1) Dictionnaire de Morery.

dition de la transmettre au prince de Conti, si elle mourait sans enfants. A sa mort, Louis-François de Bourbon-Conti hérita donc du marquisat de Pompadour; mais, il ne put être mis en possession de la terre, à cause d'un procès qu'il eut à soutenir devant le parlement de Paris (1735) contre messire Gabriel, chevalier d'Haulefort, et consorts, et Maximilien Henri de la Baume le Blanc, marquis de la Vallière, comme héritier universel de Mademoiselle de Choiseul.

Ce dernier gagna.

Son fils, général des armées du roi, se présenta comme héritier bénéficiaire, et la terre de Pompadour lui fut cédée en partie.

Louis XV, voulant assurer à madame Le Normand d'Etioles, née Poisson, sa maîtresse, le titre de marquise de Pompadour, acheta pour elle les deux parts, celle du prince de Conti et celle du duc de la Vallière.

La favorite venait d'obtenir non-seulement la possession de la terre de Pompadour, mais aussi le titre de marquise. Et, chose incroyable, le roi, dans son aveuglement pour elle, lui avait donné les armoiries de l'ancienne maison de Pompadour, de ces chevaliers illustres qui étaient morts pour la défense de la France et de ses rois.

Croyait-il, ce roi frivole et voluptueux, en rattachant une courtisane, par le nom et les armes, à une des grandes familles de la France, en faire une vraiment noble dame ? Non.

La noblesse ne s'acquiert que par les services rendus à la patrie, la noblesse est fille du temps. (1)

La nouvelle marquise, la blonde marquise, vint à Pompadour, dota quelques jeunes filles en sabots, ordonna de construire derrière le vieux castel un château renaissance et partit.

Elle avait sans doute trouvé que la demeure des preux chevaliers était trop exiguë et trop triste pour elle.

Les Vandales de 1793 renversèrent cet objet d'art.

Elle s'était, on le pense facilement, bientôt ennuyée de vivre dans cette solitude. Elle regagna donc bien vite Versailles. Mais, comme elle avait en elle le gout des arts, des belles choses, elle voulut, à l'exemple des grands seigneurs, avoir un haras.

Elle donna l'ordre d'en établir un à la Rivière, dans ce vieux château ravagé par Richard Cœur de Lion.

Elle y envoya trois juments barbes, sept danoises, un étalon barbe, un turc et enfin un arabe ayant appartenu au maréchal de Saxe (2). Elle mourut le quinze

(1) Châteaubriand.
(2) Les noms de ces juments étaient : Oreille, Charmante, Beauté, Coureuse et Mignonne. C'étaient des juments de réforme des voitures de la marquise. Elles ne produisirent rien et furent vendues en 1753.

avril 1764, à l'âge de quarante-deux ans. Elle avait vendu son manoir à messire de Laborde, secrétaire du roi, en 1760.

En 1761, le duc de Choiseul, comte de Stainville, pair de France, gouverneur de la Tourraine, ministre des affaires étrangères et de la guerre, acquit à son tour à titre d'échange, le marquisat de Pompadour, les baronnies de Brée, St-Cyr-la-Roche, la Rivière, contre la baronnie la Forest et le domaine d'Amboise. Cet échange fut proposé au nom de Louis XV, qni voulait établir un haras à Pompadour.

« Le prince de Lambesc (1), grand écuyer, reçut « donc l'ordre du roi, qui aimait beaucoup les chevaux « et savait fort bien les monter, de s'occuper de cette « organisation. »

Ce fut monsieur Duquesnoi, piqueur des écuries de Louis XV, qui, nommé inspecteur du nouvel établissement, y plaça pour noyau cinq étalons. Un seul était anglais de demi-sang, trois étaient espagnols, et le cinquième, nommé l'Amiral, était allemand. Plusieurs juments, choisies dans les écuries du roi, furent amenées à Pompadour. Monsieur Duquesnoi, qui avait apporté quelqu'argent, avec l'ordre de faire des achats dans le pays, fit choix de vingt-deux poulains dans les environs de Pierre-Buffière, où la race Limousine a toujours réussi, notamment dans le haras de la famille de Jumilhac, à St-Jean de Ligourre, et dans celui de Nexon.

(1) Institutions hippiques du comte de Montendre.

Pompadour appartenant à l'Etat, Louis XV voulut lui donner une forte impulsion; aussi fit-il acheter des étalons et des juments arabes à Chambord, lorsqu'on détruisit le haras que le maréchal de Saxe y avait établi.

En 1764, le haras fut confié au marquis de Tourdonnet, ancien écuyer aux écuries du roi et homme de cheval distingué.

En 1765 et 1766, le prince de Lambesc, grand écuyer, vint à Pompadour, visita la Rivière, et fut frappé de la position qui avait été choisie au milieu de prairies vastes et plantureuses.

Il dota de suite le haras de vingt juments barbes, espagnoles ou andalouses de la plus grande beauté, et d'un nombre d'étalons suffisants et bien choisis.

« En peu d'années le marquis de Tourdonnet (1) « refit la réputation des chevaux limousins, déjà « accréditée depuis les Croisades. Les courtisans ne « voulurent plus monter que des chevaux limousins, et « les écuries du roi furent renouvelées avec des chevaux « nés et élevés à Pompadour. »

De 1764 à 1782, c'est-à-dire pendant un espace de dix-huit ans, de nouveaux étalons furent envoyés à Pompadour pour croiser et relever la race.

Ce fut d'abord le piqueur Pensin qui fut chargé des achats. Il trouva des chevaux barbes, des chevaux

(1) Institutions hippiques du comte de Montendre.

polonais, d'origine Orientale, qui furent bien reçus en Limousin où ils produisirent beaucoup.

On envoya aussi des anglais, et parmi eux on cite *Blakton, Partisan, Orox-Thomas, Jouissian* et *Momouth* de race arabe, qui réussirent à merveille. Enfin arrivèrent en Limousin: *Sulphur, duc d'Ormond, Traveller, Cardinal Pulff, cardinal d'Yorck,* tous anglais de pur sang (1), qui donnèrent plus d'ampleur et de gros à la race limousine.

En 1778, le piqueur Guerche fut envoyé en mission en Orient. Il ramena, suivant les ordres du grand écuyer, huit étalons arabes et syriens, qui furent dirigés en 1779 sur Pompadour.

C'étaient des chevaux d'un mérite bien supérieur, qui joignaient à une forte structure, des moyens extra-ordinaires et le sang le plus précieux de l'Orient.

Ils se nommaient *Houlou, Emir, Séraph, Derviche, Dola, Gazel, Mulka* et *Cheftadel.*

Alliés aux poulinières du haras, ils donnèrent les produits les plus splendides; mais le plus remarquable de tous fut *Derviche,* qui a laissé non-seulement à Pompadour, mais dans tout le Limousin et la basse Marche, une réputation d'étalon des mieux établie.

Pendant quelques années, le haras de Pompadour sembla vivre sur sa réputation et resta stationnaire.

La révolution arrivait à grands pas, elle allait ren-

(1) Institutions hippiques du comte de Montendre.

verser tout ce qui était beau et bon, sans y faire attention.

Ce fut le 1ᵉʳ décembre 1790, que les commissaires
du district d'Uzerche, accompagnés du maire d'Arnac-
Pompadour et des conseillers de la commune, vinrent
se présenter pour procéder à la vente de tous les animaux dépendants du haras de Pompadour.

Voici les nom des étalons :

1 Le Gazel, 14 ans, 4 pieds 7 pouces, alezan, arabe.
2 Royal Pompadour, 7 ans, 4 p. 8 p., bai brun, arabe.
3 Le Bijou, 7 ans, 4 p. 9 p., alezan brûlé, normand.
4 L'Etourdy, 8 ans, 4 p. 11 p , bai.
5 Le Mordant, 10 ans, 4 p. 11 p., gris pommelé.
6 Le Gazel, fils d'Emir, 5 ans, 4 p. 8 p., bai.
7 Windloo, fils de Mesico, 5 ans, 4 p. 10 p., bai brun.
8 Le Déterminé, 5 ans, 4 p. 6 p., gris vineux.
9 Le Complaisant, 6 ans, 4 p. 7 p , gris sale.

Chevaux de six ans n'ayant pas sailli.

1 Visir, fils d'Emir, 6 ans, 4 p. 8 p., bai.
2 Le Paisible, 6 ans, 4 p. 8 p., gris roux.
3 Chef Kadel, fils d'Emir, 6 ans, 4 p. 8 p., bai.
4 Emir, fils d'Emir, 6 ans, 4 p. 8 p., bai.
5 Séraph, fils de Séraph, 6 ans, 4 p. 9 p., gris argenté.
6 Mahomet-Séraph, 6 ans, 4 p. 8 p., gris roux, arabe.
7 Gracieux-Séraph, 6 ans, 4 p. 8 p., gris roux, arabe.
8 Pompeux, 6 ans, 4 p. 10 p., gris étourneau, arabe.
9 Perfide, 6 ans, 4 p. 11 p., bai, arabe.
10 Aga, 6 ans, 4 p. 7 p., gris sale.
11 Lamy, fils de Tico, 6 ans, 4 p. 9 p., alezan brûlé.
12 Duc d'Ornoko, 6 ans, 4 p. 8 p., bai.

Chevaux de cinq ans.

1 Badin, 5 ans, 4 p. 8 p., bai.
2 Sans-Pareil, fils de Sulphur, 5 ans, 4 p. 8 p., bai, arabe.
3 Sociable, 4 p. 10 p., bai.
4 Préféré, fils de Derviche, 4 p. 9 p., gris, arabe.
5 Vigilant, fils de Derviche, 4 p. 10 p., noir, arabe.
6 Gentil, fils de Derviche, 4 p. 10 p., noir, arabe.
7 Prudent, 4 p. 7 p., bai, normand.
8 Factieux, 4 p. 9 p., bai, normand.
9 Plaisant, 4 p. 11 p., noir.
10 Déterminé, 4 p. 9 p., bai.
11 Arpenteur, 4 p. 11 p., noir.
12 Vaillant, fils de Derviche, 4 p. 9 p., gris vineux.
13 Rapide, 4 p. 8 p., noir.
14 Volant, 4 p. 8 p., bai.
15 Sultan, fils de Derviche, 4 p. 6 p., gris lavé.
16 Partisan, 4 p. 5 p. gris vineux.

Poulains de quatre ans.

1 Désiré, 4 ans, alezan.
2 Richemont, 4 ans, bai cerise.
3 Mazulin, 4 ans, alezan.
4 Civré, fils de Derviche, gris vineux.
5 Receveur, gris rouan.
6 Sensible, fils de Cardinal d'Yorck, alezan.
7 Cardinal d'Yorck, fils de Cardinal d'Yorck, alezan.
8 Lutin, bai.
9 Consolant, fils de Séraph, gris.
10 Courageux, bai brun.
11 Capitaine, bai.
12 Conquérant, fils de Cardinal d'Yorck, bai.
13 Le Balda, alezan.
14 Assuré, bai.

15 Major, alezan.
16 Joyeux, fils de Gaza, alezan.
17 Moduc, bai.
18 Favori, bai.
19 Pristé, fils de Séraph, gris vineux.
20 Le Noble, fils de Sulphur, bai.
21 Musicien, gris salé.
22 Derviche, fils de Derviche, gris rouan.
23 Faute de Cardinal Yorck, bai.
24 Tiko, alezan.
25 Protégé, par Cardinal Yorck, bai-brun.

Poulains de trois ans.

1 Rusé, par Derviche, 3 ans, gris vineux.
2 Voyageur, par Gazel, bai.
3 Abdolomène, par Chérif, gris rouan.
4 Compagnon, alezan.
5 Fin, par Derviche, gris rouan.
6 Magnifique, par Derviche, 3 ans, gris clair.
7 Singe, gris sale.
8 Affranchi, bai brun.
9 Muphli, par Chérif, bai.
10 Insinuable, par Séraph, gris.
11 Dorez, par Cardinal Yorck, alezan.
12 Lamicon,   id   bai.
13 Subtil, par Gazel,   id.
14 Médinah,   id.   id.
15 Eole,   id.   gris étourneau.
16 Poliphane, id.   bai.
17 Fanfaron,   id.   id.
18 Incertain, bai brun.
19 Postulant, par Gazel, alezan.
20 Castillan, par Cardinal Yorck, alezan.
21 Le Badour,   id.   id.

22 Bienvenu, par Cardinal Yorck, bai.
23 Vaporé,   id.   id.
24 Etourdy, par Gazel, bai
25 Chevreuil, par Emir, id.
26 Stalisman, bai brun.
27 Vengeur, par Chérif, gris vineux.
28 Rochengen, par Cardinal Yorck, bai.

Poulains de deux ans.

1 Royal, par Emir, 2 ans, gris sale.
2 Libertin, par Royal-Pompadour, noir.
3 Le Faon, bai.
4 L'Eprouvé, alezan.

A la suite de cette vente, ils se transportèrent au château de la Rivière où étaient placées les juments poulinières et les .pouliches, et il est dit, dans le procès-verbal, que les commissaires du district, le maire et les conseillers d'Arnac-Pompadour « cons-« tatèrent que le château était carré, flanqué de « quatre tours rondes, couvertes en ardoises, les murs « lézardés, les fondations décharnées, les planches « pourries, et l'édifice irréparable. L'écurie couverte « à tuiles, renfermait vingt loges, séparées par des murs, « et qu'il y avait en outre, près de la chapelle qui était « voûtée, vingt-quatre autres loges. »

Il s'y trouvait les poulinières et les pouliches dont les noms suivent:

Poulinières.

1 Nayade, fille d'Emir, 9 ans, 4 p. 8 p., alezane.

2 Joséphine, par Tiko, 9 ans, 4 p. 9 p., baie.

3 Elhiopienne, par Emir, 9 ans, 4 p. 11 p. alezane.,

4 Printanière, par Abeilard, 5 ans, 4 p. 10 p , baie.

5 Alphie, par Tiko, 7 ans, 4 p. 10 p., baie.

6 Caroline, par Dola, 5 ans, 4 p. 9 p. alezane.

7 Mislhe, par Emir, 4 ans, 4 p. 9 p.   id.

8 Comtesse, par Houlou, 4 ans, 4 p. 9 p., gris sale.

9 Frivole, par Emir, 4 ans, 4 p. 9 p., baie.

10 Soubrette, 9 ans, 4 p. 10 p.,   id.

11 Curette, par Monarque, 3 ans, 4 p. 9 p., baie.

Pouliches de trois ans.

1 Vezelle, par Gazel, 3 ans, baie.

2 Joyeuse, par Mulhac,   id.

3 Novice, par Cardinal Yorck, bai brun.

4 Grivoise, par Mulhac, baie.

5 Pelotte, par Tiko, 3 ans, alezane.

6 Mirgisimard, par Chérif,   id.

7 Junon, par Gazel, baie.

8 Monimius, par Royal Pompadour, baie.

Pouliches de un an.

1 Mésanges, par Conflans, 1 an.

2 Prude, par Royal Pompadour.

3 Ingrate, par Vigoureux.

4 Jaire, par Conflans. (1)

Enfin, il faut y joindre dix-neuf juments qui avaient été envoyées de Paris le 7 mars 1790 et dont les noms suivent :

1° La Loutre, 2° Bergère, 3° Chèvre, 4° Comtesse,

(1) Extrait des archives de la Corrèze.

5° *Gazelle*, 6° *Trompeuse*, 7° *Musette*, 8° *Vigilante*,
9° *Bouleuse*, 10° *Grisette*, 11° *Flûte*, 12° *Légère*, 13°
Bartavelle, 14° *Belle de chez la Reyne*, 15° *Figue*, 16°
Donzelle, 17° *Dormeuse*, 18° *Gazelle*, 19° *Iphigénie*.
Quatre mulets de service furent également vendus.

Tous ces étalons, jeunes poulains, poulinières, pouliches, tout fut céder à vil prix. La fureur révolutionnaire n'avait plus de bornes. Elles frappait en
aveugle sur l'espérance de nos races, parce qu'elle
pensait qu'un cheval de sang, étant un animal distingué, devait être entaché d'aristocratie.

Nous verrons bientôt que des esprits plus sages,
plus réfléchis, sentirent la nécessité et l'obligation de
reconstituer les haras.

La Convention, frappée de la dégénérescence des
races, de la difficulté où l'on se trouvait de remonter
la cavalerie de la république, décida, le 11 germinal an
II, qu'il serait créé sept dépôts provisoires où seraient
réunis les étalons capables de produire le cheval de
cavalerie.

Pompadour fut le lieu choisi pour faire un établissement dans le centre de la France. On fit donc tous les
efforts pour trouver des sujets d'une certaine valeur.

Monsieur de la Grenerie, amateur distingué, avait
acheté le précieux *Derviche*, dont sont sortis la
plupart des étalons qui renouvelèrent Pompadour. (1)

(1) Comte de Montendre.

En 1796, le piqueur Malval amena un étalon de Paris, en acheta cinq dans les environs de Pompadour, et commença ainsi le rétablissement du haras.

En 1802, monsieur de la Grenerie y réunit Derviche.

Ce fut monsieur de Seltot, un des directeurs des haras les plus distingués de l'époque, qui fut nommé à cette direction, grâce à l'appui que lui donna monsieur Bouchet de la Jestiène, ancien inspecteur général, qui travaillait alors au ministère de l'intérieur.

On s'occupa alors du haras. On y vit figurer d'une manière brillante et utile *Derviche* père, *Derviche* fils, *Cardinal, Thèbes, Hymen, Timide, etc....*

En 1806, le gouvenement de l'Empereur s'occupa avec activité des haras. Monsieur le comte de Champagny, duc de Cadore, ministre de l'intérieur, fit le règlement qui parut aussitôt et rétablit les haras dans tout l'Empire français, alors fort agrandi. (1)

On s'occupa avec diligence de Pompadour. L'empereur y envoya des arabes de ses écuries, qui avaient été ramenés lors de l'expédition d'Egypte ; mais, il faut bien le dire, ces animaux, qui pouvaient être excellents comme service, ne réunissaient pas toutes les qualités nécessaires aux vrais reproducteurs. C'étaient *Yemen, Copthe, Cobail, Yman, Bertrand, Ymarabe et Bagdad.* Copthe était un bon étalon, qui

(1) Comte de Montendre.

a bien produit en Limousin, mais le meilleur de tous était sans contredit Bagdad, dont, malheureusement, la vie comme étalon a été trop courte.

On essaya de nouveau à cette époque des étalons espagnols.

On fit venir, à cet effet, des chevaux parfaitement choisis dans les plus belles races de l'Aragon et de l'Andalousie.

Mais ce croisement, comme au moyen âge, ne réussit pas bien avec la jument limousine.

On acquit de nouveau la certitude que les arabes, les barbes gros et épais, les turcs de forte structure, étaient les seuls étalons desquels on pouvait tirer un résultat et un profit réels.

On s'occupa donc, pendant tout le reste de l'Empire, de fournir à Pompadour des étalons de races d'Orient. Ceux qui sortirent des écuries de l'empereur furent *Kokhany 1807, Aboukir 1811, Ana 1812.*

On n'eut pas le temps et la facilité, sous ce gouvernement, de s'occuper d'envoyer des missions en Orient. La plupart des chevaux arabes, barbes, qui vinrent en France à cette époque, étaient tirés de l'Espagne.

On avait placé à Pompadour en 1806, un certain nombre de juments. Elles avaient été mal choisies et furent mal nourries. Aussi ne produisirent-elles rien de valeur.

Sous la Restauration, il fut décidé, par une ordonnance de 1825, que Pompadour n'aurait plus de juments poulinières, mais qu'on y élèverait des poulains et qu'on y formerait un dépôt d'étalons.

On achetait des poulains de deux et trois ans chez les éleveurs, et on terminait leur élevage et leur éducation au dépôt.

Cette façon d'agir avait son bon côté, puisqu'elle encourageait la production, qu'elle payait au propriétaire largement son élève ; mais elle avait aussi des inconvénients.

D'abord, quoique pour la plupart bien choisis, ces jeunes animaux ne possédaient pas toujours une pureté de sang, une origine suffisante, pour lutter de valeur avec les arabes, les barbes et les anglais. Ils étaient, à coup sûr, très-bons pour féconder et améliorer les juments ordinaires, mais il fallait songer à créer des types purs pour donner des animaux de haute valeur.

On a parlé, d'un autre côté, de l'économie qu'il y avait à en agir ainsi pour se procurer des étalons à meilleur marché que ceux achetés à l'industrie particulière.

Le fait est au moins contestable.

L'industrie particulière fait toujours à meilleur marché que l'Etat ; mais fait-elle aussi bien ? Quelquefois ! Pas toujours, surtout dans nos pays, où les grands éleveurs sont rares et les petits nombreux. Ces derniers n'ont pas toujours la facilité de faire ce qu'il faudrait pour amener à bien un étalon à l'âge de quatre ans. C'est le local qui leur manque, la prairie close et fermée, les avances d'argent, des soins intelligents et continus. On pensa donc, avec justice, qu'il fallait avoir à Pompadour des types purs arabes et anglais, afin de les pouvoir faire reproduire et obtenir de la sorte des étalons de tête, dont on avait besoin.

Une ordonnance du 10 décembre 1833 rendit à Pompadour son titre de haras.

On s'occupa d'y envoyer de suite des poulinières anglaises et arabes de la plus grande valeur. Les juments arabes passèrent par Paris, et le roi, qui avait beaucoup aimé les chevaux dans sa jeunesse, voulut les voir. (1)

Monsieur de Lespinatz venait d'être nommé directeur de ce vaste et bel établissement (31 mars 1834). Cet officier distingué, qui servait déjà depuis un certain nombre d'années dans les haras et dont la capacité était reconnue, donna un vif élan à la réorganisation de Pompadour. Il proposa à messieurs les inspecteurs généraux plusieurs mesures que le ministre voulut bien approuver.

Les étalons furent donc placés dans les écuries qui touchent le château, où manège, carrière, hippodrome, baignoire, forge, tout se trouve réuni et à portée,

(1) *Journal des Haras*, 1834.

pour que les soins et l'exercice soient judicieusement donnés à ces précieux animaux (1).

La jumenterie, située à une lieue de Pompadour, s'appelle la Rivière ; près d'elle est la Villatte, destinée aux poulains d'un an. A dix-huit mois, ils quittent cette résidence pour aller passer une année à Chignac. A trente mois, ils sont conduits au Puy-Marmont, tout proche de Pompadour. C'est à cet âge que commence leur éducation d'entraînement, qui se continue jusqu'à trois ans et demi.

A cette époque le haras renfermait deux cent soixante-dix-neuf têtes d'animaux de toutes espèces.

Il y avait treize étalons de pur sang anglais ou arabe. Les plus réputés étaient : *Terror, Harlequin et Prémium.*

Terror était né en 1825, chez monsieur Houlsworth. Il était fils de Magistrate et Torelli. Il fut placé en 1836 à Pompadour et n'y resta pas longtemps. Sa conformation était remarquable: sa tête légère, expressive, son épaule belle, ses membres forts, son rein magnifique, sa poitrine profonde. Il a été le père de bons étalons et de poulinières de mérite.

Harlequin était alezan, il naquit aussi en 1825, chez monsieur Garforth. Cet étalon était par Servantes et Slora. Il fut acheté en Angleterre par monsieur Strubberg. Placé au haras de Pompadour, en 1831, il y resta jusqu'en 1843.

(1) Comte de M ὄntendre. *Institutions hippiques.*

Harlequin avait de belles performances ; il a couru dix-huit fois, est arrivé onze fois premier et sept fois second. Sa conformation était belle et puissante : ses membres forts, bien dessinés, sa tête avait un beau caractère de distinction. Il a laissé en Limousin une nombreuse postérité. Lancastre et Jocko, étalons remarquables, étaient ses deux fils. Jocko surtout, né et élevé chez le baron de Labastide, près Limoges, était un modèle accompli de force et d'élégance.

Prémium était né en 1820, chez le duc d'Yorck, par Alladin et Gohama-Marc. Il fut placé de 1837 à 1840, à Pompadour. Ses membres étaient un peu faibles, tout en étant très-nets et forts réguliers. Son caractère irritable s'est transmis à sa descendance. Il a laissé en Limousin un certain nombre de bons produits et quelques poulinières de valeur.

Bédouin, Massoud, Antar, Mansourah, Abou-Arkoub, étalons arabes, et *Hector,* fils de Massoud et de la fameuse Nichab.

Bedouin était gris. Il avait été ramené de Syrie par M. de Portes et séjourna à Pompadour de 1836 à 1842, époque de sa mort. Il avait été vendu par le scheick de Riga et provenait de la tribu des Fœdans. Son maître, comme tous les Arabes, avait une grande affection pour lui. Il ne s'en défit que parce qu'il était hors d'état de payer, au pacha d'Alep, une contribution qui lui avait imposée. Les membres de Bédouin étaient admirables, d'une grande force, d'une netteté parfaite. Il a donné les plus belles productions aux haras.

Massoud était bai. Il faisait partie du convoi de monsieur de Portes. Il vint à Pompadour en 1836 et y mourut en 1843, à l'âge de vingt-huit ans. Il avait été acheté à l'âge de quatre ans, dans la tribu des Fœdans. Sa réputation était déjà si considérable parmi les Arabes, que son achat fut entouré des plus grandes difficultés. C'était un étalon du sang le plus précieux. Sa conformation était d'une régularité parfaite, l'harmonie de son ensemble était admirable, et, quoique sa taille fut petite, il dénotait la plus grande puissance. Il a donné à Pompadour des résultats excellents.

Antar était gris. Il mesurait une taille de 1ᵐ 51, peu ordinaire chez les Arabes. Il fut ramené par monsieur John Barker, consul général d'Angleterre, et acheté à Marseille par monsieur Wan Hoorick. Il arriva à Pompadour en 1834 et mourut en 1836. Il était très-remarquable et a produit des chevaux supérieurs.

Mansourah était bai. Il avait été donné au roi d'Angleterre par l'Iman de Mascate et acheté pour la France à la vente du haras de Hampton-Court. Il fut envoyé en 1837 à Pompadour et il y resta quatre ans. Il avait du gros, de la taille, et plusieurs de ses fils sont devenus étalons.

Abou-Arkoub était bai. Il fut acheté en Syrie par

monsieur de Portes. Il était de race Koheil et provenait d'une famille de chevaux très en réputation chez les Kurdes, désigné sous ce même nom, qui signifie *père du jarret*. Il était petit, mais fortement constitué, et a créé des poulains grands, gros et puissants.

Les poulinières de race anglaise étaient au nombre de vingt-neuf, dont les principales se nommaient : *Chloris*, par Partisan et Niobe ; *Scornful*, par Woful et Haphasard-Marc ; *Georgina*, par Soy et Pénélope, etc.

Chloris est née à Paris, en 1823. C'était une poulinière d'élite. Elle a vécu jusqu'en 1839 et a donné onze gestations successives sans repos. Elle a produit cinq à six femelles. Ses poulains sont tous devenus étalons, et, parmi eux, nous citerons le plus remarquable, *Y. Massoud.*

Les poulinières arabes les plus remarquables étaient : *Nichab, Validé, Warda, Monadghié, Koheil,* etc. ; mais la plus belle, celle qui a laissé derrière elle une réputation sans conteste, c'est Nichab, la splendide et vieille Nichab, qui, dans un âge déjà avancé, avait conservé toute la vigueur, toute la verdeur de la jeunesse.

Nichab était née chez Lady Stanhope, nièce du célèbre Pitt, qui avait formé un établissement au monastère d'Abra, dans le Liban, où elle était presque souveraine.

Milady s'était promis d'élever Nichab avec art et de

l'offrir à Napoléon. Mais la bataille de Waterloo avait tout changé. Elle l'offrit donc au colonel de Portes, qui était arrivé dans le pays chargé d'une mission du gouvernement français. (1)

Nichab arriva à Paris et S. A. R. la duchesse d'Angoulême en fit l'acquisition, moyennant 6,000 francs. Mais, quand il fallut dresser Nichab, ce fut impossible, et l'écuyer de la duchesse y renonça. On l'offrit donc aux haras, qui l'achetèrent. Elle fut envoyée d'abord au haras du Pin, ou elle resta jusqu'en 1833, époque où elle fut transférée à Pompadour. Au Pin, elle avait été livrée à l'anglais de pur sang ; à Pompadour, au contraire, elle revint à l'étalon de sa race. En vingt-et-un ans, elle donna quinze produits. Elle est morte à Pompadour, en 1845, à l'âge de vingt-sept ans. Sa robe était gris truité, avec poils bais. Son œil était beau, à fleur de tête, mobile, plein d'expression et d'intelligence. Sa taille, bien prise, était de 1ᵐ 48. Sa conformation était forte et régulière. Son rein néanmoins un peu long la rendit ensellée dans les dernières années de sa vie. Elle était excellente nourrice. Ses crins avaient la finesse des cheveux d'une Andalouse. Son sang, sa prestance, sa rare élégance, dénotaient en elle l'illustration de ses ancêtres.

Koheil et Monaghié étaient venues d'Orient en France, en séjournant quelques années en Autriche. Il n'y a rien de bien surprenant dans les produits de ces deux

(1) Relation du voyage de M. de Portes.

juments, qui n'étaient pas sans mérite. Validé a bien produit, et nous citerons, comme sa meilleure pouliche, *Eurydice*, fille de Massoud.

Warda (Rose) était baie. Sa taille s'élevait à 1ᵐ55. Elle était née en Autriche au haras du comte de Waterleben. Elle arriva en France en 1824. Sa taille élevée lui venait sans doute de la nourriture abondante qu'elle avait reçue dans sa jeunesse, car les juments arabes pures sont plus petites. Elle descendait de la fameuse famille Saklawie. Elle est morte à vingt-six ans, après avoir resté quatorze ans en France où elle donna neuf produits.

Ce fut donc avec ces éléments précieux en étalons et en poulinières qu'opéra M. de Lespinatz. Le haras de Pompadour redevint donc florissant, les sujets en pouliches et poulains furent bientôt considérables. Nous remarquerons, parmi les jeunes poulains devenus étalons : *Knout, Léonidas, Laisum, Mézaroum. Numide, Narcisse*, et parmi les pouliches parvenues à l'état de poulinières: *Balsora, Bedouine, Celesyrie, Dalila, Desdemona, Djanire, Didon, Danaë, Egerie*, etc.

M. de Lespinatz, pour éviter des accidents, fit diviser les prairies en compartiments, pour y placer une ou plusieurs juments suivant leurs caractères. Là même précaution fut prise à l'égard des poulains ou pouliches, qui furent placés par âge et suivant leurs caractères.

L'exposition des prairies est au midi et au levant.
Elles sont arrosées à volonté par une eau claire et
limpide, qui donne de la fraîcheur à l'herbe, sans
fournir trop d'humidité au sol. Les prés sont vastes,
bien clos, et produisent une herbe fine et délicate,
très-propre à l'élevage du cheval de race. Le Limousin a cela de particulier, qu'il est le premier pays de
France pour l'éducation du cheval de sang.

Avant la venue de M. de Lespinatz, la nourriture
donnée aux jeunes produits n'était pas suffisante pour
développer chez eux la taille et la force. Il modifia à
juste titre cette partie de l'élevage. Une nourriture
abondante, substantielle, fut fournie aux jeunes animaux, et on leur fit manger à tous une certaine quantité d'avoine qui, loin de leur donner la fluxion,
comme disaient autrefois certains amateurs, les fit
grandir et se développer. Aussi beaucoup de poulains
avaient-ils, à l'âge de deux ans, atteints la taille des
chevaux de quatre ans du temps passé.

Si l'on veut relever la race limousine, lui rendre la
faveur d'autrefois, il faut que les éleveurs petits, et
grands, se décident à mieux nourrir. Il faut, à notre
époque, un cheval plus fort, plus étoffé, que celui de
nos ancêtres, qui ne s'en servaient qu'à la selle. Il est
donc nécessaire de le changer, surtout en grosseur et
en puissance. C'est au moyen de soins intelligents, de
croisements bien entendus, d'une nourriture abondante
et variée qu'on parviendra à obtenir cette modification. Il est inutile de grandir le cheval outre mesure,

comme certaines gens le pensent, car alors on arrive
à produire des animaux hauts sur jambes, efflanqués,
sans soutien, qui ne trouvent pas d'acquéreurs.

Le vrai limousin est un produit du sol, qui ne
se rencontre que dans cette province et qui ne
se reproduit pas dans d'autres localités.

Monsieur de Lespinatz resta plusieurs années à la
tête du haras et fut remplacé par monsieur Gayot,
homme de science et d'étude. Ce fut donc lui qui
commença d'une façon sérieuse et suivie la création
de la famille anglo-arabe.

On avait bien, avant cette époque, fait en France des
croisements de la jument anglaise par l'étalon arabe,
mais on en avait pas pris une suite et un système continu et calculé. Monsieur Gayot se mit à la tête de cette
idée et il mena cette opération avec une assez grande
perfection pour obtenir l'approbation des éleveurs de la
contrée et des vrais connaisseurs de tous les pays.

Comme nous l'avons dit, la race anglo-arabe fut
créée à Pompadour, au moyen de deux étalons, *Massoud*,
arabe, et *Aslan*, turc, et de trois poulinières anglaises
de pur sang : *Selim Mare. Comus Mare et Daëer. Selim
Mare* fut donnée à *Massoud* et produisit, en 1823,
Delphine ; *Comus mare* livrée à *Aslan*, mit au jour, en
1824, *Cloris. Daëer*, alliée à *Massoud*, donna *Danaé*, en
1824.

Ce sont ces trois poulinières, de sang anglo-arabe,
qui furent le point de départ de la nouvelle race.

Nous allons citer jusqu'en 1851 les produits de cette race, afin de faire voir la marche suivie dans les accouplements, et faire comprendre la nécessité où l'on s'est trouvé d'employer tantôt le sang arabe pur, tantôt le sang anglais et parfois, mais rarement, le sang anglo-arabe.

DELPHINE eut :

1833. B. F. Follette, par Easthan, anglais, pur sang.
1835. B. M. Eylau, par Napoléon, anglais, p. s.
1836. B. F. Hœma, par Hœmus, anglais, p. s.
1839. B. F. Lœtitia, par Napoléon, anglais, p. s.
1846. B. F. Mnacer, par Hussein, arabe, p. s.

FOLLETTE eut :

1839. B. F. Kalouga, par Napoléon, anglais. p. s.
1840. B. F. Cœsarine, par Napoléon, anglais, p. s.
1843, B. F. Jactance, par Massoud, arabe, p. s.
1851. B. F. Folie, par Hussein, arabe, p. s.

HŒMA :

1846. B. F. Mauricette, par Hussein, arabe, p. s.

LŒTITIA :

1845. G. F. Liesse, par Numide, arabe, p. s.

Ces deux premières générations donnent, jusqu'en 1851, six femelles, deux de l'étalon anglais, quatre de l'arabe.

KALOUGA :

1844. B. F. Katinka, par Terror, anglais, p. s.

CŒSARINE :

1846. B. F. Médicis, par Hussein, arabe, p. s.
1851. B. F. Romance, par Romagnésie, anglo-arabe,
p. s.

JACTANCE :

1849. B. B. F. Piegrièche, par Commodore Napier,
anglais, p. s.
1851. B. B. F. Glorieuse, par Kohel, anglo-arabe,
p. s.

LIESSE eut :

1851. Garotte, par Bagdalli, arabe, p. s.

La troisième génération est représentée par sept
pouliches, trois sortent de l'anglais, deux de l'arabe,
deux de l'anglo-arabe. Delphine, en disparaissant, a
donc laissé de sa suite : un étalon, onze poulinières
et six pouliches.

Cloris a donné un nombre considérable de productions, mais il n'y a que les trois suivantes qui
concourrent à la formation de la famille anglo-arabe :

1829. Al. F. Cybèle, par Tigris, anglais, p. s.
1831. Al. F. Dine, par Easthan, anglais, p, s.
1833. G. F. Mignonne, par Massoud, arabe, p. s.

CYBÈLE :

Didon, par Terror, anglais, p. s.

DINE :

1839. Al. F. Althéa, par Paradox, anglais, p. s.

1842. BB. F. Iris, par Napoléon, anglais, p. s.
1843. Al. Inventa, par Massoud, arabe. p. s.
1846. G. F. Molina, par Sederei, arabe, p. s.
1847. G. F. Nemée, par Hussein, arabe, p, s.
1848. Al. F. Observance, par Sederei, arabe, p. s.

DIDON :

1842. B. F. Isabelle, par Harlequin, anglais, p. s.
1843. B. M. Romagnési, par Massoud, arabe, p. s.
1844. AL. F. Ky, par Massoud, arabe, p. s.
1845. G. M. Ben-Turc-Kman, par Turc-Kman, turc,
   p. s.
1846. Al. M. Ulloa, par Hussein, arabe, p. s.
1847. B. F. Nymphœa, par Ben-Massoud, anglo-
   arabe, p. s.
1848. Al. F. Occasion, par Kajah, arabe, p. s.
1850. B. F. Qualité, par Prospero, anglais, p. s.
1851. N. M. Abou-Nocta, par Kohel, anglo-arabe,
   p. s.

ALTHÉA :

1844. A. M. Sgttir-ben-abd-el, par Mezaroume, arabe,
   p. s.
1845. Al. F. Lava, par Sederei, arabe, p. s.
1846. Al. F. Malzia, par Hussein, arabe, p. s.
1847. Al. M. Vauquelin, par Saoud, arabe, p. s.
1848. Al. F. Octavie, par Rajah, arabe, p. s.
1849. Al. F. Parodie, par Prospero, anglais, p. s.
1850. B.B. M. Zoile, par M. d'Ecorde, anglais, p. s.

Iris :

1847. G. M. Valet, par Hussein, arabe, p. s.
1848. RO. F. Opale, par Hussein, arabe, p. s.
1849. B. F. Yrieix, par Prospero, anglais, p. s.
1850. B. F. Quadrille, par Brocardo, anglais, p. s.
1852. B. M. Arc-en-Ciel, par Brocardo, anglais, p. s.

Inventa :

1848. G. F. Obole, par Menooz, arabe, p. s.
1849. B. F. Pecore, par Hussein, arabe, p. s.
1850. G. M. Zaatcha, par Hussein, arabe, p. s.

Danaë :

1831. Al. F. Agar, par Eastham, anglais, p. s.
1833. Al. F. Bérénice, par Eastham, anglais, p. s.
1834. B. F. Dulcinée, par Eastham, anglais, p. s.
1835. B. F. Brésilia, par Napoléon, anglais, p. s.
1848. B. M. Xénophane, par Romagnésie, anglo-arabe, p. s.

Reyne de Chypre :

1847. G. F. Naxos, par Saoud, arabe, p. s.
1848. B. M. Xénocrate, par Rajah, anglais, p. s.
1849. B. F. Princesse de Chypre, par Prospero, anglais, p. s.
1850. B. M. Zoroastre, par M. d'Ecorde, anglais,
p. s.
1851. B. M. Roi de Chypre, par Romagnesi, anglo-
arabe, p. s.

Nous arrêterons là nos citations. Nous allons pas-ser en revue les animaux remarquables qui sont nés de ces différents accouplements.

Delphine avait des formes amples et régulières. Son encolure était belle, son garrot élevé, son rein un peu long, sa poitrine spacieuse, son œil vif et intel-ligent, ses allures brillantes, sa vigueur considérable. Mais la plupart de ses produits furent, comme elle, délicats dans leur jeunesse. En disparaissant, elle a laissé à la famille anglo-arabe, 18 étalons, pouliniè-res ou pouliches.

Cloris était une poulinière d'élite. Par sa fille Cybèle elle est la grand'mère de Didon, qui a produit le fameux étalon Romagnési. Didon était fille de Terror, anglais de pur sang. Dine, fille de Cloris, a donné Althéa, par Paradox, anglais de pur sang ; elle est petite-fille d'Aslan. C'est une des poulinières les plus précieuses qui soient en France (1), sa con-formation irréprochable réunissait la force à la dis-tinction.

Iris était sœur d'Althéa par sa mère ; son père, Napoléon, de pur sang anglais, avait les plus belles performances. Iris possédait en elle la force et la puissance. Sa rare élégance, sa distinction, ses allures régulières, en même temps que rapides, fai-saient de cette poulinière une des plus belles que l'on peut imaginer.

(1) Gayot.

Danaë, jument féconde, qui a donné aux haras, en vingt ans, seize produits. Elle avait aussi une conformation des plus remarquables, sa tête était belle, son garrot élevé, son rein court, ses membres nets, son sang précieux. Elle fut la mère d'Agar, de l'illustre Agar, qui elle-même eut pour fille Reyne de Chypre. Agar était un modèle de régularité, de force, de puissance, une jument de tête.

Reyne de Chypre est une poulinière féconde, qui a donné le jour à l'étalon Xénocrate, sujet d'élite. Nous voyons, par ces explications, que Cloris et Danaë ont donné des mâles et des femelles hors ligne.

En 1852, la famille anglo-arabe se composait, au haras de Pompadour, de trente-neuf poulinières : vingt-huit sortaient de près ou de loin de Massoud, dix d'Aslan et une seule en dehors de ces deux types. En résumé, les cent vingt-quatre têtes de poulinières, pouliches ou poulains, se répartissaient ainsi :

Sang de Massoud 91
Sang d'Aslan 24
Divers 9
                                    ——
                                    124

Les étalons dont nous venons de citer les noms avaient disparu de la scène. Ils furent remplacés par *Hamdani-Blanc* et *Bagdadli*. Bagdadli réunissait, à une conformation régulière, beaucoup de force, de gros et de distinction. Ses allures étaient belles. Les poulains issus de lui avaient de la puissance et reproduisaient les allures du père. Ses alliances avec les juments de Pompadour ont eu des résultats heureux. On ne peut pas en dire autant d'Hamdani-Blanc, qui n'avait pas en lui toute la pureté du sang arabe. Je me rappelle très-bien avoir vu et entendu, au haras de St-Cloud, des soi-disant connaisseurs vanter cet espèce d'hippopotame. Ce n'était, à tout prendre, qu'un animal bien réussi, mais il n'avait en lui rien de ce qui fait le véritable arabe, le cheval du désert qui marche, souffre la faim et la soif.

La troisième catégorie d'étalons employés à cette œuvre nous donne *Kohel, Romagnési et Xénocrate*, trois pères remarquables en qui sont les germes véritables du succès définitif.

Ce n'est pas une petite affaire que de créer une race. L'Etat pouvait seul se charger en France d'une pareille mission. Non-seulement il faut beaucoup d'argent, mais aussi du temps et un esprit de suite qui n'est guère le propre du caractère français.

Il y a des gens qui ont dit ou écrit que la race anglo-arabe était bâtarde, que c'était un mélange qui ne transmettrait pas à ses descendants les qualités qu'elle possédait. C'est une erreur. Le cheval arabe, qui est le cheval type, est pur; or, le cheval anglais de pur sang, étant le produit du cheval arabe et de la jument de la même race, est aussi pur : donc, si on les réunit par l'accouplement ensemble, ils ne peuvent que produire des animaux dont le sang est aussi pur que le leur propre.

12

Monsieur Gayot, nommé inspecteur général, quitta le haras de Pompadour où il fut remplacé par monsieur de Sannhac, qui continua l'œuvre commencée; elle fut suivie par ses successeurs avec intelligence et un dévouement qu'il n'est pas possible de trouver chez les propriétaires de notre époque.

Les 2 et 3 octobre 1852, il fut vendu à Pompadour, en vertu d'un arrêté du ministre de l'agriculture et du commerce, soixante-six têtes d'animaux. Les dépenses de cet établissement dépassaient les sommes destinées à l'entretien.

On se vit obligé de restreindre l'effectif et de le ramener à l'état normal. Il y eut donc à la Rivière 130 têtes, savoir : 40 poulinières, dont dix-neuf arabes de pur sang, 19 anglo-arabes pur sang, et 2 de pur sang anglais, et le reste en poulains et pouliches.

On avait raison à cette époque de revenir à l'état règlementaire puisque les Chambres ne voulaient pas voter un surplus de dépenses; le haras marcha ainsi jusqu'en 1860, époque à laquelle on supprima la jumenterie et où Pompadour redevint simple dépôt d'étalons.

D'après le décret organique du 19 décembre 1860 sur les haras, la jumenterie de Pompadour fut supprimée, et le dimanche 17 mars 1861 il fut procédé à Pompadour, par-devant le directeur de l'enregistrement et des domaines, à la vente de 6 étalons réformés, de 32 poulinières, de 11 poulains et de 29 pouliches.

POULINIÈRES.

Pur sang arabe.

1 Furette, alezane, née en 1839, par Massoud et Warda.
2 Samhah, alezane, née en 1831, père et mère arabes.
3 Kebira, alezane, née en 1844, par . . . . et Furette.
4 Légende, grise, née en 1845, par Sederei et Balsora.
5 Gueushhissa, grise, née en 1845, de père et mère arabes.
6 Malbrouka, grise, née en 1846, de père et mère arabes.
7 Marquise de Pompadour, grise, née en 1846, par Hussein et Celesirye.
8 Gamba, grise, née en 1847, par Bédouin et Nichab.
9 Parade, grise, née en 1849, par Hadjar et Kibira.
10 Djarra, grise, née en 1856, par Bagdadli et Nedjibé.

Pur sang anglo-arabe.

1 Fortification, baie, née en 1841, par Eylau et Whalebona.
2 Belle Poule, baie, née en 1841, par Napoléon et Bérénice.
3 Iris, baie, née en 1842, par Napoléon et Dine.
4 Léona, baie, née en 1842, par Massoud et Chanoinesse.
5 Molina, grise, née en 1846, par Sederei et Dine.
6 Mauricette, grise, née en 1846, par Hussein et . . . .
7 Mercédès, baie, née en 1846, par Hussein et Fortification.
8 Malzzia, alezane, née en 1846, par Hussein et Althéa.
9 Médicis, grise, née en 1846, par Hussein et . . . .

10 Nymphœa, baie, née en 1847, par Ben-Massoud et Didon.

11 Pauletta, baie, née en 1849, par Prospéro et Kalouga.

12 Quadrille, baie, née en 1850, par Brocardo et Iris.

13 Quarantaine, baie, née en 1850, par Brocardo et Belle-Poule.

14 Bénédicta, baie, née en 1851, par Romagnesi et . . .

15 Barbette, baie, née en 1854, par Commodore-Napier et Fortification.

16 Clarisse-Harlowe, alezane, née en 1855, par . . . . et Mercèdès.

17 Charade, baie, née en 1855, par . . . et Didon.

18 Comtesse de la Rivière, baie, née en 1855, par Commodore Napier et Nymphœa.

19 Cabriole, baie, née en 1855, par prince Cavadoc et Quarantaine.

20 Daulis, baie, née en 1856, par Commodore et Léona.

21 Derbé, baie, née en 1856, par Xénocrate et Nazareth.

22 Donar-Mad, baie, née en 1856, par Commodore et Isabelle.

POULAINS.

Pur sang arabe.

1 Fakhr-Eddin-Razi, gris, né en 1858, par Zouave et Mabrouka.

2 Féridoum, gris, né en 1858, par Kouledi et Gueusghisa.

3 Grain-de-Sel, né en 1859, par Rabdan et Légende.

Pur sang anglo-arabe.

1 Guet-Apens, bai, né en 1859, par Commodore et Quarantaine.

2 Grand-Méris, bai, né en 1859, par Rabdan et Paulette.

3 Galimatias, bai, né en 1859, par Commodore et Nazareth.

4 Hadd, né en 1860, par Xénocrate et Cabriole.

5 Haut-le-Pied bai, né en 1860, par Xénocrate et Belle-Poule,

6 Horoscope, bai, né en 1860, par Xénocrate et Quarantaine.

7 Hélios, bai, né en 1860, par Wattergage et Léona.

8 Jena, bai, né en 1861, par Xénocrate et Charade.

POULICHES.

Pur sang arabe.

1 Evah, grise, née en 1857, par Bagdadli et Samhah.

2 Fiamina, grise, née en 1858, par Bagdadli et Nazareth.

3 Gaza, grise, née en 1859, par Rabdan et Samhah.

4 Hedjra, grise, née en 1860, par Kerbela et Légende.

5 Hemonie, grise, née en 1860, par Kerbela et Gamba.

6 Hagia, grise, née en 1860, par Kerbela et Furette.

7 Joalie, grise, née en 1860, par Kerbela et Djarra.

Pur sang anglo-arabe.

1 Egerie, baie, née en 1857, par Commodore et Nymphœa.

2 Eyren, baie, née en 1857, par Xénocrate et Parade.

3 Equivoque, baie, née en 1857, par Commodore et Quadrille.

4 Electricité, baie, née en 1857, par Commodore et Fortification.

5 Fiat-Lux, grise, née en 1858, par Commodore et Molina.

6 Flore, grise, née en 1858, par Rabdan et Gamba.

7 Féronie, baie, née en 1858, par Commodore et Fortification.

8 Guimauve, grise, née en 1859, par Zouave et Althéa.

9 Giselle, baie, née en 1859, par Commodore et Malzia.

10 Guismili, grise, née en 1859, par Commodore et Mau-
ricelle.

11 Hélas, née en 1860, par Xénocrate et Quadrille.

12 Horlon-Filly, née en 1860, par Xénocrate et Clarisse-
Harlowe.

13 Hérésie, née en 1860, par Xénocrate et Charade.

14 Helvià, née en 1860, par Wattergage et Iris.

15 Hébille, née en 1860, par Wattergage et Bénédicta.

16 Halte-là, née en 1860, par Wattergage et Althéa.

17 Hassas, née en 1860, par Kerbela et Parade.

18 Padjas, née en 1860, par Xénocrate et Mercédès.

19 Hoca, née en 1860, par Wattergage et Médicis.

20 Hortensia, née en 1860, par Wattergage et Malzia.

21 Ismenée, née en 1861, par Wattergage et Quadrille.

22 Indécision, née en 1861, par . . . . et Donard-Mad.

Tout fut vendu à vil prix. Les poulinières les plus belles, celles qui avaient produit les étalons les meilleurs, les pouliches d'espérance, tout fut jeté au vent par une liberté mal comprise. Ce fut sous la présidence du prince Napoléon (Jérôme) que la commission, divisée en deux parties, prit cette décision (en novembre 1860), qui fut, malheureusement pour nos contrées, approuvée par Sa Majesté l'Empereur. Il soufflait à cette époque un vent de libre échange et de fausse liberté qui nous a été fort préjudiciable. On ne cesse de nous dire qu'en Arabie, en Angleterre, on élève d'excellents chevaux, qu'il n'y a pas pourtant d'administration des haras, que c'est la seule liberté qui produit ce résultat.

Il ne nous est pas possible d'accepter cette raison

car elle n'est pas fondée, elle part d'un principe faux, qui conduit tout naturellement à une décision erronée et non pratique.

L'Angleterre possède une puissante et riche aristocratie qui n'a pas besoin des secours de l'Etat pour créer et entretenir sur ses vastes domaines des races de chevaux distinguées. De plus, dans ce pays, le luxe des équipages, les grandes chasses au renard emploient un nombre de chevaux considérable. Le commerce étant ainsi excité produit non-seulement ce qui est nécessaire, mais un surplus qui sert à l'exportation.

En Arabie, l'état social de ces peuples, qui voyagent toujours à cheval dans leurs longs déplacements, les oblige à faire du cheval une nécessité de leur situation. Aussi élèvent-ils tous les chevaux qu'ils peuvent, dont ils font avec leurs voisins un commerce très-suivi et fort lucratif.

Rien de semblable en France. Des fortunes divisées, beaucoup de petits propriétaires qui, avant d'élever des chevaux, nourrissent des bœufs, des vaches, des moutons, qui leur procurent des bénéfices plus rapides, plus certains, avec moins d'avance de capitaux.

Il y a des personnes qui prétendent que la jumenterie de Pompadour fait une concurrence sérieuse à l'industrie privée, qu'elle élève des étalons que lui fourniraient facilement les propriétaires-éleveurs.

Je demanderai aux gens sages, qui ne mettent aucune passion dans leur jugement, comment une réunion de cinquante juments poulinières, dans une propriété de l'Etat, peut porter tort à l'industrie chevaline ?

Non-seulement elle ne fait pas de préjudice, mais au contraire elle donne aux éleveurs, dans les réformes de chaque année, la facilité de se procurer, à des prix modérés, des juments et des pouliches de valeur et de distinction.

Quant à la question des étalons, les éleveurs n'en fourniraient pas autant qu'on veut bien le croire. Pour conserver jusqu'à l'âge de quatre ans un poulain entier, il faut avoir des aménagements particuliers que ne possèdent pas les petits éleveurs de nos contrées. Et puis, il faut bien le dire, l'administration des haras fait mieux que la plupart des propriétaires. Elle a tout ce qu'il faut pour cela, les sujets d'élite, les bâtiments nécessaires, l'argent, une surveillance de tous les instants et des soins aussi intelligents que suivis. On a beaucoup parlé du prix de revient des étalons élevés par l'Etat. On s'est plu à dire qu'il n'y avait pas de sujets coûtant en moyenne moins de 15,000 francs. J'admets le chiffre, sans le discuter, le prix importe peu ; il s'agit de savoir si les étalons élevés par l'Etat sont bons, s'ils remplissent toutes les conditions exigées et s'ils nous empêchent d'aller en Angleterre acheter des animaux au prix de 75,000 francs, comme *Physician*.

En France, on se paie de mots ; en Angleterre, de raisons.

Ce fut une grande faute que la suppression de la jumenterie de Pompadour. Il ne s'est pas passé longtemps pour que l'on reconnut l'erreur commise, et, ce qui le prouve, c'est que l'on s'est vu forcé de la reconstituer. On a senti la nécessité de posséder cet établissement modèle et il a fallu, sur de nouveaux frais, refaire ce qui avait été détruit si légèrement. On dit dans le rapport de la commission des haras, *qu'il serait d'une bonne administration de supprimer le haras de Pompadour et de réaliser ainsi une économie d'environ 100,000 fr. par an.*

C'est ma foi une belle chose que d'être économe, mais il faut l'être quand c'est utile et nécessaire et non pas sans motifs sérieux. Belle somme vraiment, que 100,000 fr. pour le budget d'un pays comme la France, quand on voit souvent les gouvernements jeter des millions par les fenêtres pour satisfaire les passions ou encourager les vices.

Il y a, il faut bien le dire, des économies qui sont des dépenses, et celle-là est du nombre.

CHAPITRE XVII.

FONDS DES CHEVAUX LIMOUSINS, MARCHOIS
ET AUVERGNATS.
LA JUMENT SAUVAGE. — LES FAUX-SAUNIERS.

Maintenant que les routes sillonnent toutes les provinces, il est rare de rencontrer comme autrefois des
cavaliers, de vrais chevaucheurs. Mais il y a trente ans,
tout le monde allait encore à cheval, car, à l'exception
des grandes routes, les chemins étaient mauvais, difficultueux, remplis de pierres ou de fondrières. Ils
étaient donc suivis, faute de mieux, et nos chevaux se
tiraient de ces passages presqu'impossibles avec une
facilité étonnante. Ils traversaient avec hardiesse (1)
et franchise tous ces pays sauvages et perdus, on
marchait avec eux sans crainte, la nuit comme le jour.
Leur fonds était extraordinaire et les cavaliers
limousins, marchois et auvergnats, ne se gênaient

(1) Gayot, *France chevaline.*

guère pour faire faire à leurs animaux vingt lieues sans débrider.

A cette époque, on se rendait encore à Paris à cheval, à Toulouse, à Bordeaux, et, ce qui paraît aujourd'hui surprenant, n'était autrefois qu'une chose fort naturelle. On chassait beaucoup et ces animaux en supportaient les fatigues avec une rare facilité, recommençant le lendemain ce qu'ils avaient fait la veille.

Voici l'opinion, à ce sujet, d'un grand chasseur du Bourbonnais. (1) « Tous les amateurs de chasse de « nos jours savent que les chevaux limousins, auver- « gnats, marchois, sont loin d'avoir la vitesse des « anglais, mais ils soutiennent mieux qu'eux une fa- « tigue journalière et répétée plusieurs jours de suite. « Avant la révolution, dans la Marche et le Limousin, « on avait des étalons de choix tirés de la race elle- « même, qui produisaient ces fameux chevaux. »

Nous pourrions citer encore bien d'autres opinions de chasseurs ou de cavaliers émérites. Nous ne parlerons que de la fameuse jument *Sauvage*, qui appartenait à monsieur de Coux, un éleveur distingué d'avant la révolution.

Nous laissons la parole à monsieur le marquis de Bonneval, témoin des faits (2) : « Vous avez cité,

(1) Baron de Boisrot de la Cour. *Journal des Haras,* *1829.*
(2) Tome V, page 12. *Journal des Haras, 1829.*

« dans votre journal, les prodiges de force, de fonds
« et de vitesse qui ont rendu fameux plusieurs
« chevaux étrangers ; vous avez notamment consacré
« quelques articles pleins d'intérêt à l'histoire
« d'*Eclipse*, le cheval le plus vite dont les annales
« chevalines aient fait mention. Plus d'une fois, sans
« doute, vous pourrez encore nous dire les courses
« prodigieuses faites par d'autres chevaux anglais,
« ainsi que les courses longues, soutenues, qu'auront
« fournies certains chevaux russes.

« Mais nos chevaux français sont-ils donc telle-
« ment désherités que l'on ne puisse rien citer aussi
« de leur fonds et de leur vitesse ?

« La Normandie et la Navarre sont-elles tellement
« dépourvues de faits remarquables en ce genre, qu'il
« soit impossible de signaler, dans leurs produits,
« quelques exemples de vigueur et de vélocité égale-
« ment étonnants ! Je ne le pense point.

« Toutefois je laisserai aux amateurs de chevaux
« ou de chasse de ces deux contrées à faire connaî-
« tre les prodiges des chevaux qu'elles ont vu naître ;
« et, comme Limousin, je débuterai dans l'histoire
« des chevaux français, qui ont montré de grands
« moyens, par la notice qui va suivre, sur une jument
« limousine, dont le souvenir s'est conservé dans
« notre province et y subsistera longtemps encore,
« bien que cette bête soit morte il y a bientôt trente-
« sept ans.

« Née chez monsieur de Coux, éleveur renommé du
« Limousin, cette jument, à laquelle on donna ensuite
« le nom de *Sauvage*, était fille *d'Orox*, cheval anglais
« de pur sang, et d'une jument limousine. Lorsqu'elle
« eut un an, monsieur de Coux, lui trouvant une figure
« commune et une conformation désagréable (elle
« avait les hanches plus hautes que le garrot), la
« vendit à monsieur de Lépinas, son voisin, qui l'éleva.
« Mais son premier propriétaire l'ayant vu travailler
« dans une chasse qu'elle fit à l'âge de cinq ans, il lui
« reconnut de si grands moyens qu'ils s'empressa de
« la racheter.

« Rentrée dans l'écurie de monsieur de Coux et
« dès lors mieux soignée, beaucoup mieux nourrie,
« et développée par un exercice journalier, elle ne
« tarda pas à montrer une force et un fonds qui, peut-
« être, auraient étonné les sportsmen anglais les plus
« difficiles.

« Personne assurément ne saurait révoquer en
« doute la force et la vitesse dont font preuve les
« chevaux de chasse que produit l'Angleterre ; mais
« l'on sait aussi que les grands moyens que déployent
« ces animaux ne sont très-souvent que le résultat de
« soins attentifs et du genre de nourriture que les
« connaissances étendues des Anglais, en ce genre,
« leur ont appris à leur administrer à propos, et que
« ce n'est en général que par une préparation et un
« entraînement bien entendus, qu'ils parviennent à
« obtenir les chevaux qui sont l'objet d'un étonne-

« ment continuel par le fonds et la force qu'ils mon-
« trent dans ces chasses au renard, où nos voisins
« courent et sautent beaucoup plus qu'ils ne chassent.

« Si donc nous songeons que c'est à l'art de leurs
« propriétaires que ces coureurs fameux doivent ce
« surcroît de force et d'haleine momentanée que nous
« admirons en eux, quelle ne doit donc pas être notre
« admiration en voyant une jument comme celle de
« monsieur de Coux, déployer des moyens aussi
« étonnants que ceux des chevaux de chasse anglais,
« sans préparation et sans entraînement aucuns !

« Le nom de Sauvage lui avait été donné
« parce qu'elle était susceptible, chatouilleuse et
« même un peu ramingre; mais la nature, en lui refu-
« sant la beauté, lui avait accordé toutes les qualités
« solides et essentielles. Monsieur de Coux en fit
« sa jument de chasse et l'employa en outre à toutes
« les commissions de la maison. Ces services si divers
« et si multipliés n'étaient rien pour elle : souple,
« forte, vite et légère, elle courait avec une vélocité
« toujours nouvelle, et, cependant, monsieur de Coux
« ne l'épargnait pas, car bien que très digne hom-
« me d'ailleurs, une fois à cheval, sa tête devenait très
« vive, et il imposait à Sauvage des tours de force qui
« auraient effrayé tout autre que lui. Il ne connaissait
« d'autre allure pour elle que le galop plus ou moins
« allongé ; nul obstacle ne pouvait l'arrêter. Il est vrai
« que la conformation même de Sauvage lui donnait

« une qualité rare pour la chasse ; c'était de pouvoir
« monter les pentes les plus roides au galop et sans
« souffler ; et tels étaient ses moyens, qu'elle les
« redescendait ensuite en conservant le même train.
« Elle savait, dans ce dernier cas, ployer adroitement
« son arrière-main et, portant tout le poids de son corps
« sur ses forts jarrets, elle galopait de côté et allait
« aussi vite et aussi sûrement que dans la montée.

« Un accident l'ayant rendu borgne, monsieur de
« Coux, pour la conserver plus longtemps, lui fit
« mettre le feu aux jambes de derrière, et dans cet
« état, il en a souvent refusé des prix très-élevés.

« L'on chassait beaucoup alors en Limousin, et
« monsieur de Coux, monté sur Sauvage, ne manquait
« pas une seule de ces parties. Notre pays est très-
« pénible pour les chevaux ; les montagnes y sont
« nombreuses, les forêts y sont très-fourrées et seu-
« lement percées de quelques chemins vicinaux. Si
« l'on ajoute à cela l'immense quantité de haies vives
« qui entourent les champs et les prés, et qu'il faut
« ou franchir ou percer, les fossés et les ruisseaux qui
« les coupent dans tous les sens et beaucoup de fon-
« drières très-dangereuses, on croira facilement qu'il
« faut de bons chevaux pour suivre nos chasses.

« Pendant toute la saison où elles duraient, mon-
« sieur de Coux chassait constamment trois fois la
« semaine au moins, soit seul, soit en réunion, et
« toujours avec Sauvage.

« Les jours où il se reposait, la malheureuse jument
« ne partageait nullement ses loisirs ; les courses
« d'affaires, les commissions et même les provisions
« de la maison, tout était encore fait par elle ; en un
« mot, on peut dire que tant que durait le jour, la
« selle était en permanence sur son dos.

« Ce n'était pas tout : monsieur de Coux ordonnait
« à ses gens de la mener au galop, comme il le faisait
« lui-même. Il demeurait à deux lieues de Masseré,
« bourg éloigné de onze lieues de Limoges ; ses affai-
« res l'obligeaient d'aller souvent à cette capitale de
« notre province, et toujours la distance qui l'en
« séparait était parcourue par lui en deux heures ou
« deux heures et demie.

« Vouloir citer toutes les courses extraordinaires
« que Sauvage a mises à fin me serait impossible ;
« j'en choisirai deux qui me paraissent également
« remarquables et qui pourront donner une idée des
« moyens de cette jument.

« Une chasse au sanglier avait été arrêtée et le
« rendez-vous fixé chez monsieur de Coux ; le jour où
« elle devait se faire arrivé, on se lève de grand
« matin et l'on s'assied presque aussitôt à un déjeûner
« copieux, où, suivant l'un de ces vieux usages de nos
« pères que l'on conservait encore à cette époque, le
« vin ne fut point épargné ; l'on se trouvait gai en
« montant à cheval. Monsieur de Coux avait prêté
« Sauvage à l'un de ses amis, monsieur de Josselin,

13

« veneur intrépide, que les libations du déjeûner
« avaient encore rendu plus téméraire que de coutume.
« On part.

« Comme nous n'étions pas assez riches pour
« avoir des gens qui pussent détourner l'animal, nous
« fîmes ce service nous-mêmes, en cernant les bois
« avec des chiens sûrs, que nous appelons trô-
« leurs ou chiens d'attaque. Arrivés de très-bonne
« heure au bois, nous trouvâmes facilement les ren-
« trées fraîches et en fîmes suite jusqu'à ce que nous
« eûmes mis l'animal sur pied. Nous donnâmes alors
« la meute et la chasse commença.

« Le moment de la trôle et du rapproché est ordi-
« nairement un temps de repos : c'est une espèce de
« promenade qui se fait à pied et pendant laquelle on
« tient son cheval par la bride, autant pour le soula-
« ger que pour le retrouver plus frais, lorsque la
« chasse devient vive.

« Mais, ce jour-là, monsieur de Josselin n'imita
« aucun de nous et tracassa alors Sauvage outre
« mesure. Le vin, qui agitait son cerveau, paraissait
« avoir porté toute son action dans ses talons qu'ar-
« maient des éperons énormes.

« Monsieur de Coux, fatigué de tous ces mouve-
« ments désordonnés, lui dit alors de ménager sa ju-
« ment ; mais il parle en vain, monsieur de Josselin
« continue à se jeter sur les côtés du chemin, à aller
« et à venir dans le fort au galop et à faire franchir à

« Sauvage tous les obstacles qui se trouvent à sa
« portée.

« Perdant enfin patience, monsieur de Coux lui dit
« avec vivacité : *Tu crois sans doute fatiguer Sauvage ;*
« *c'est impossible, je t'en défie. Fais tout ce que tu*
« *voudras, tout ce que tu pourras ; tu seras rendu*
« *plus tôt qu'elle !*

« L'amour-propre de monsieur de Josselin est vive-
« ment excité par ce défi ; il attaque alors Sauvage
« avec fureur et jure que cette chasse sera la dernière
« qu'elle aura faite.

« Il se met aussitôt à courir dans tous les sens, fran-
« chit tout ce qu'il voit, et lorsque nous mettons le
« sanglier sur pied, que la meute est découplée, que
« nous montons tous à cheval, que les uns suivent les
« chiens, et que les autres prennent les devants, mon-
« sieur de Josselin, dans l'intention de crever Sauvage,
« perce les bois à la queue de la meute, qu'il ne quitte
« pas un instant, et toujours au fort, sans suivre ni
« ni chemins ni sentiers, vole à tous les débuchés
« sans laisser souffler un seul moment son infatigable
« jument, qui, pendant huit heures de chasse, soutint
« constamment ce train forcé.

« Le sanglier, se trouvant enfin harassé, s'était
« tenu au ferme et venait d'être tué.

» La curée faite, Monsieur de Josselin, sans nous
« attendre, part avec la rapidité de l'éclair et retourne
« ventre à terre chez monsieur de Coux. Comme nous

« ne revînmes qu'au pas, nous n'arrivâmes que plus
« d'une grande heure après lui.

« En mettant pied à terre, nous aperçûmes Sauvage
» mangeant vigoureusement son foin dans sa stalle,
« tandis que monsieur de Josselin, le corps tout
« brisé, se trouvait étendu sur son lit, tourmenté
« qu'il était par une assez grosse fièvre.

« Le lendemain, Sauvage fit les commissions de la
« maison et continua paisiblement à remplir la tâche
« qui lui était imposée tous les jours. Quant à son
« écuyer, il fut quinze jours avant de pouvoir se tenir
« debout.

« Le second exemple que je vais rapporter n'est
« pas moins étonnant. Il se passe en 1787 ou 1788.

« Monsieur de Coux, ayant alors dans ses écuries
« un grand nombre de beaux et bons chevaux, céda
« Sauvage à monsieur de Puyredon, son parent et son
« ami.

« Avant d'aller plus loin, je crois avoir à faire
« observer que le nouveau propriétaire de Sauvage
« était un homme fort et de haute taille, qui pesait
« alors cent soixante livres.

« Madame de Coux était d'origine irlandaise.

« Voulant faire un voyage en Angleterre et s'em-
« barquer à Bordeaux, elle prit le parti de courir la
« poste dans sa voiture. Son projet, en partant de
« Masseré, relai de poste sur la route de Paris à

« Toulouse, était d'aller déjeûner à Limoges et cou-
« cher à Périgueux. Monsieur de Puyredon, lui ayant
« offert de lui servir de courrier jusqu'à Limoges,
« monte sur Sauvage, part en avant de la voiture et
« fait préparer les chevaux aux relais de Magnac et
« de Pierre-Buffières.

« On déjeûne ensuite à Limoges. Après le repas,
« Monsieur de Puyredon dit qu'il fera le même ser-
« service jusqu'à Chaslus. Madame de Coux remonte
« alors en voiture. Monsieur de Puyredon fait prépa-
« rer les relais à Aixe et à Chaslus. Mais ne sentant
« pas sa jument fatiguée, il continue sa route, fait
« préparer les relais de la Coquille, de Thiviers et
« des Palissons. Il arrive à Périgueux. La distance
« qu'il avait parcourue de Masseré était de dix-sept
« postes trois quarts (35 lieues et demie). Il coucha à
« Périgueux. Le lendemain, monsieur et madame de
« Coux ayant continué leur route pour Bordeaux,
« monsieur de Puyredon remonte sur Sauvage et
« revient paisiblement à douze lieues de là, à
« St-Yrieix-la-Perche, où il habitait.

« Désignée en 1793 pour la réquisition, Sauvage
« fut prise et donnée à monsieur Mathon, officier,
« qui allait rejoindre l'armée. Ce cavalier mal habile
« ne fut pas plutôt en selle que faisant, sans doute,
« quelque faux mouvement qui indisposa Sauvage,
« dont la susceptibilité à cet égard était extrême, elle
« bondit pendant un moment et, faisant un saut de

« côté, elle jeta son cavalier par terre. La tête de
« ce dernier ayant été frappée sur les marches d'un
escalier, il fut blessé très-grièvement. Personne
« n'ayant depuis lors, osé monter Sauvage, elle reçut
« son congé et retourna dans les écuries de monsieur
« de Puyredon, où elle mourut. »

Des chevaux de cette trempe étaient aussi rares
alors qu'ils le sont aujourd'hui ; toutefois le Limousin à cette époque présentait une grande quantité
de très-jolis et de très-bons chevaux.

Les chevaux du Limousin, de la Marche et de
l'Auvergne étaient employés à des services divers
et fatigants, où il fallait avoir un fonds et une sûreté
de jambes parfaite. Les plus précieux étaient gardés
comme étalons, les autres vendus aux écuries du
roi, pour celles des princes, des grands seigneurs,
pour la cavalerie légère de l'armée. D'autres servaient
pour les chevaucheurs du roi, dans les relais de
poste, pour courir à franc étrier. Il les fallait, dit
Saulnier (1) « légiers et rapides. » Ils parcouraient
les relais, quelquefois très-longs et très-accidentés, à
un galop assez allongé.

C'était l'époque où les grands seigneurs se rendaient à Paris ou dans les villes considérables, à
cheval, à franc étrier, faisant quarante lieues par
jour et recommençant le lendemain. Bottés, éperon-

(1) Equitation de Saulnier.

nés, avec la culotte de peau de daim, leur selle particulière, ils couraient de relais en relais, faisant par
tous les temps des traites longues et difficiles
qui paraissent étonnantes à nos petits crevés. Autre temps, autres mœurs. Le chemin de fer va plus
vite et fatigue moins.

En 1549, au mois de septembre, le Limousin, la
Marche, le franc Allen et la Combrailles, s'étaient
affranchis, moyennant une contribution de 450,000
livres tournois, une fois payée, des droits de gabelle
qui se levaient sur le sel, consommé ou vendu sur le
territoire. Ces pays s'appelaient, à cause de cela, les
pays redimés. Ceux qui se livraient à ce trafic se
nommaient *faux-sauniers* et se chargeaient de faire
passer, dans les provinces voisines, le sel à un prix
réduit. Cet état de chose dura jusqu'à la révolution.
Le Berry, le Bourbonnais, l'Auvergne n'étaient pas
des pays redimés. Il est donc facile de comprendre
combien cette position donnait d'encouragement à
tromper le fisc. Tous les ponts, tous les guets étaient
gardés avec activité par des archers, afin d'empêcher
la fraude. Il arrivait souvent que de violents combats
se livraient entre les faux-sauniers et les archers. On
parle même d'une rencontre qui eut lieu le 21 octobre 1761, au bourg de Vallières (1), entre quarante
hommes de la bande de Mandrin, qui soutenaient

(1) Haute Marche.

les faux-sauniers. Quoiqu'il y eut cent cinq archers du roi, ils n'en furent pas moins battus.

Les faux-sauniers étaient nombreux. Ils étaient disciplinés. Leurs chefs les tenaient sous une main de fer. Obligés, pour remplir leur mission, d'être très-bien montés, ils n'hésitaient jamais à acheter des chevaux forts, lestes et énergiques. Leurs chefs étaient en possession d'animaux d'une grande valeur. Debout la nuit et le jour, gens et bêtes supportaient les fatigues les plus incroyables et y résistaient avec une étonnante facilité. J'ai entendu raconté dans ma toute jeunesse, il y a bien plus d'un demi-siècle, à un vieux chef de faux-sauniers, ses exploits et ceux de son cheval.

C'est vraiment à n'y pas croire, et je ne sais pas ma foi lequel le plus admirer de l'homme ou du cheval.

CHAPITRE XVIII.

DE LA JUMENT POULINIÈRE.

Les Espagnols ont l'habitude de dire « la noblesse
« vient du ventre. » Il est vrai que la race de la femelle
influe beaucoup sur la production. La mère nourrit,
élève, dans son ventre, le produit pendant toute une
année. Il n'y a donc rien d'étonnant que par ce contact
continuel, il en résulte des points de ressemblance
tant au physique qu'au moral. Aussi est-il nécessaire et indispensable, lorsque l'on veut créer un
haras ou élever seulement quelques produits, de bien
choisir les juments que l'on désire livrer à la reproduction.

Il importe, dit Jean Taquet, dans son *Philippica* ou
Haras des Chevaux, « que les juments soyent de race
« bonne et noble (1614). Les forts créent les forts, et
« la douce colombe n'engendrent pas des aigles (1), et

(1) Odes d'Horace.

il ajoute : « La jument doist avoir la teste
« petite et seiche, grands yeux, narines ouvertes,
« croupe large, jambes fortes, seiches, le dos ample
« et large, le ventre vaste et le laict en abondance. »

Le fameux Olivier de Serres, qui a écrit en 1600, dit
de son côté, « qu'il faut toujours rechercher la bonne
« race de chevaux pour avoir contentement de cette
« nourriture. Et soyez aussi soigneux de vous meu-
« bler de juments d'eslite. Car en ce est nécessaire
« que la femmelle soit bien choisie pour recevoir et
« animer dans son ventre la semence du masle. »

Il nous serait facile de citer encore l'opinion de
vieux auteurs, qui ont écrit sur cette matière, mais
cette question est résolue dans tous les esprits sérieux
qui se sont occupés de l'élevage des chevaux.

Les Anglais, dont nous étions les maîtres au moyen
âge et qui, aujourd'hui, sont les nôtres pour l'élevage
des chevaux ; les Arabes, qui sont les plus fins connaisseurs du monde, conservent, avec un soin diligent et
continu, leur race, se défont toujours avec peine de
leurs juments d'élite. Et ce n'est qu'avec des sacrifices
d'argent considérables qu'on parvient de temps à
autre à s'en procurer quelques-unes.

La jument doit donc être choisie avec autant de
soin que l'étalon, être bien conformée, suivant la race
à laquelle elle appartient, avoir une taille convenable
et être exempte de toutes tares, qui pourraient se
transmettre par la génération. Les auteurs diffèrent

pour l'âge auquel la jument doit être livrée à la reproduction.

Les uns, comme Taquet, veulent « à mon advis, l'on « doit faire monter et saillir la jument à l'aâge de « trois ans, pour apporter son premier poulain, « quand elle fait son aâge de quatre ans, pour cette « raison que poulinant jeune, elle pouline plus faci- « lement que dans un aâge avancé. »

Dans le *Trésor des Bêtes Chevalines*, publié à Lyon chez Pierre Rigaud, en 1619, son auteur déclare que « la jument ne doist recevoir l'estallon que sur l'an « cinquiesme ».

D'autres veulent quatre ans et même six ans.

Tout cela dépend de la race à laquelle la jument appartient.

Les juments de trait étant formées plus vite, peuvent être saillies, sans inconvénient, à la troisième année; mais celles qui sont de nature distinguée, il est prudent d'attendre le commencement de l'âge de cinq ans, car, à cette époque, la bête est formée, le travail de la dentition terminé.

C'est donc en réalité à cinq ans, qu'il convient le mieux de livrer la jument à la reproduction.

Mais il faut bien le dire, si on regarde les animaux à l'état libre et sauvage, on reconnaît que toujours la femelle est fécondée plus jeune que l'époque que nous indiquons. Cette précocité doit influer sur la force et surtout sur la taille des animaux et être préjudiciable à leur croissance.

Il est utile et nécessaire de donner aux juments poulinières, quand elles sont en état de plénitude, comme lorsqu'elles viennent de pouliner, des soins attentifs et judicieux. Il faut les placer dans des herbages ou prairies suffisamment fournies de bonnes herbes, et avoir soin de les rentrer dans le jour, afin de leur faire éviter ou le froid excessif ou des chaleurs considérables, car l'un ou l'autre leur deviennent préjudiciables. On leur donne alors à l'écurie, pendant l'hiver, du foin, une quantité d'avoine raisonnable ou des carottes, et, pendant l'été, au milieu de la journée, du vert.

La jument porte ordinairement onze mois dix ou vingt jours. Il y a néanmoins quelques exceptions, et il y des juments qui poulinent à onze mois. Il est donc utile de la faire saillir à une époque de l'année qui lui permette d'avoir son poulain dans un temps où il y aura force herbe, afin que la mère ait abondance de laict (1), car, dit Olivier de Serres, dans son *Théâtre de l'Agriculture*, « il est à souhaiter que les « poulains naissent durant le temps que les herbes « sont en leur première bonté, pour l'abondance du « bon laict qu'elles laissent aux mères, afin de tât, « mieux nourrir leurs petits ; d'où ils prennent si bô « accroist que toute leur vie s'en ressentent. »

(1) *Trésor des bêtes chevalines, 1619.*

Dans nos contrées, le paysan qui possède une jument poulinière ne prend pas toujours toutes les précautions nécessaires; aussi arrive-t-il encore assez souvent que le produit est mal tenu et malingre. Il serait pourtant largement récompensé de la peine qu'il aurait su prendre, et son produit l'aurait bien vite indemnisé de la dépense qu'il aurait pu faire.

La jument qui vient de pouliner doit être gardée à l'écurie pendant quelques jours et soignée, ainsi que son poulain, avec une scrupuleuse attention. Afin d'éviter les accidents, il est utile de la mettre seule, en liberté, dans une écurie séparée, avec son nouveau né et qu'elle ait un espace suffisant pour ne pas être gênée.

« Il convient pourvoir que le fourrage ne leur « manque (1), ni le son, ni l'aveine, et la mettre en une « estable chaudemêt et à sec pour quelques jours, « afin qu'elle se puisse récréer et refaire, et puis la « mettre ès bonnes herbes. »

Les juments poulinières, bonnes et bien choisies, sont le fondement d'une race. Il n'y a pas d'élevage fructueux sans cela, et une race de chevaux est bientôt dégénérée si les poulinières excellentes viennent à manquer. Tous les peuples qui se sont occupés de l'élevage des chevaux avec intelligence et profit, ont toujours conservé avec soin les femelles d'élite.

(1) Taquet. *Philippica.*

CHAPITRE XIX.

LE CHEVAL ARABE, LE CHEVAL BARBE, LE CHEVAL
ANGLAIS, LE CHEVAL ANGLO-ARABE.

Arabe.

Le cheval arabe est le cheval de la création, le type de l'espèce. C'est de lui que descendent toutes les races qui couvrent le globe. Elles se sont naturellement modifiées suivant le climat, la nourriture, les soins, les travaux, les besoins auxquels elles ont été employées.

Mais c'est lui seul qui est capable de les régénérer toutes, parce qu'il n'a pas en lui qu'une spécialité, il les possède toutes. Il est le seul, le plus parfait de tous les chevaux, car il a conservé en lui toutes les qualités qu'il a reçues du Créateur.

Tous les peuples d'Asie, d'Afrique, d'Europe, ont employé le cheval arabe pour améliorer, relever leurs races, et ils en ont obtenu les meilleurs résultats,

L'Espagne lui a dû ses chevaux renommés ; la France, ses races du Limousin, de l'Auvergne, de la Marche, de la Navarre ; les vieilles races allemandes, leur réputation et leur valeur. Le cheval arabe est de petite taille, il varie de 1ᵐ 45 à 1ᵐ 59. Il a la tête carrée, les oreilles petites, les yeux vifs et intelligents, l'encolure rouée, la poitrine vaste, le garrot élevé, le corps fait à merveille, la croupe horizontale, le port de la queue élevé, les membres forts, puissants, les articulations larges, les pieds petits.

Il possède, sous un petit volume, une force, une énergie incomparables. Il est capable de soutenir les plus étonnantes fatigues.

Les Arabes l'élèvent avec des soins minutieux, car, pour leur civilisation particulière, il a atteint la plus grande perfection de formes. Aussi l'ont-ils toujours maintenu dans toute sa pureté, dans toute sa puissance, et conservé en lui ce principe générateur de toutes les spécialités, de toutes les aptitudes.

Le cheval arabe est bâti pour la durée, pour la résistance. La régularité de ses formes, la vigueur de de son ensemble, la symétrie de tous ses organes en font un animal modèle. Il est sobre, il vit de peu et, malgré cela, il parcourt sans souffrir de longues distances.

Un cheval arabe médiocre doit faire, dans sa jour-

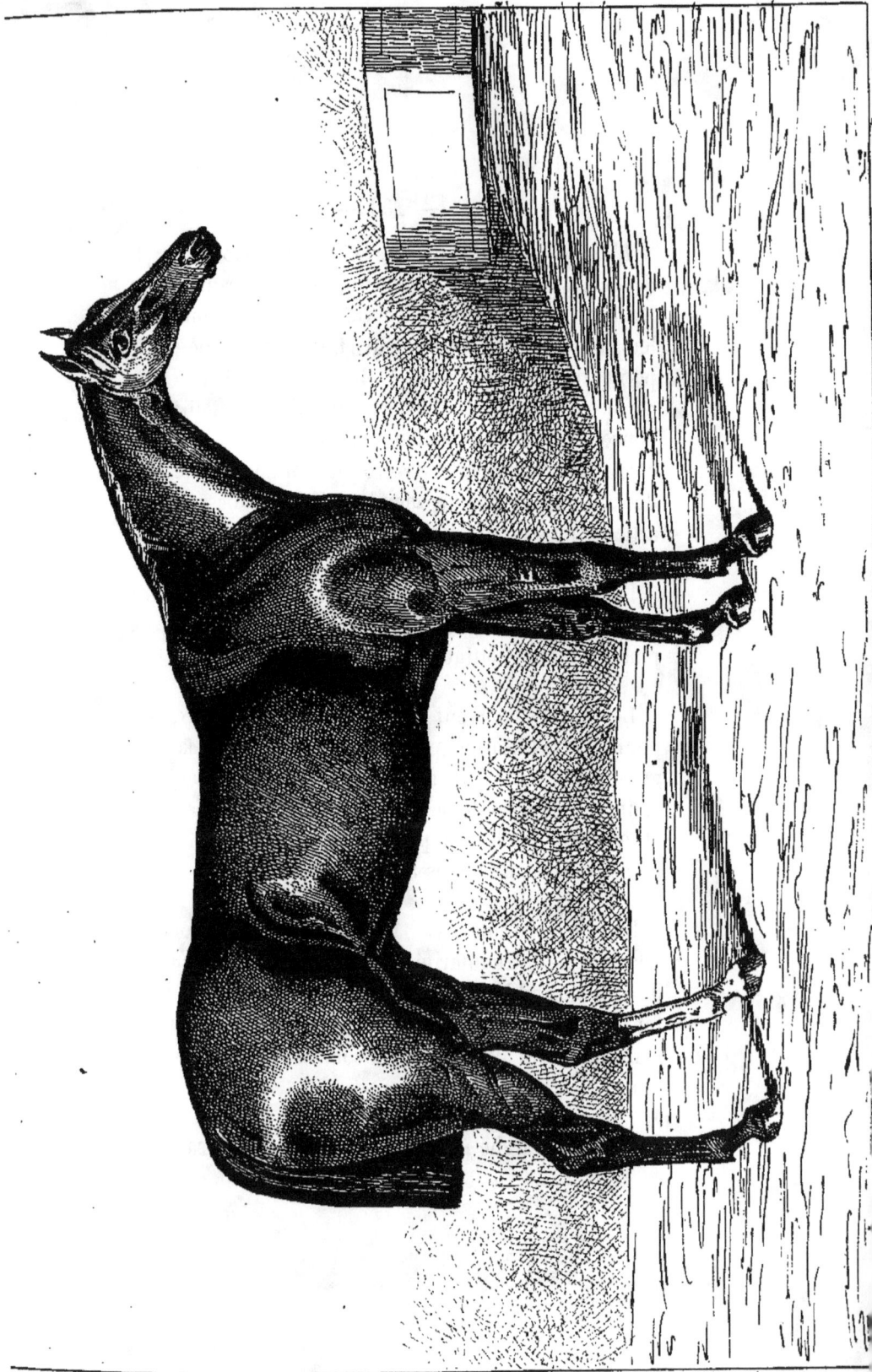

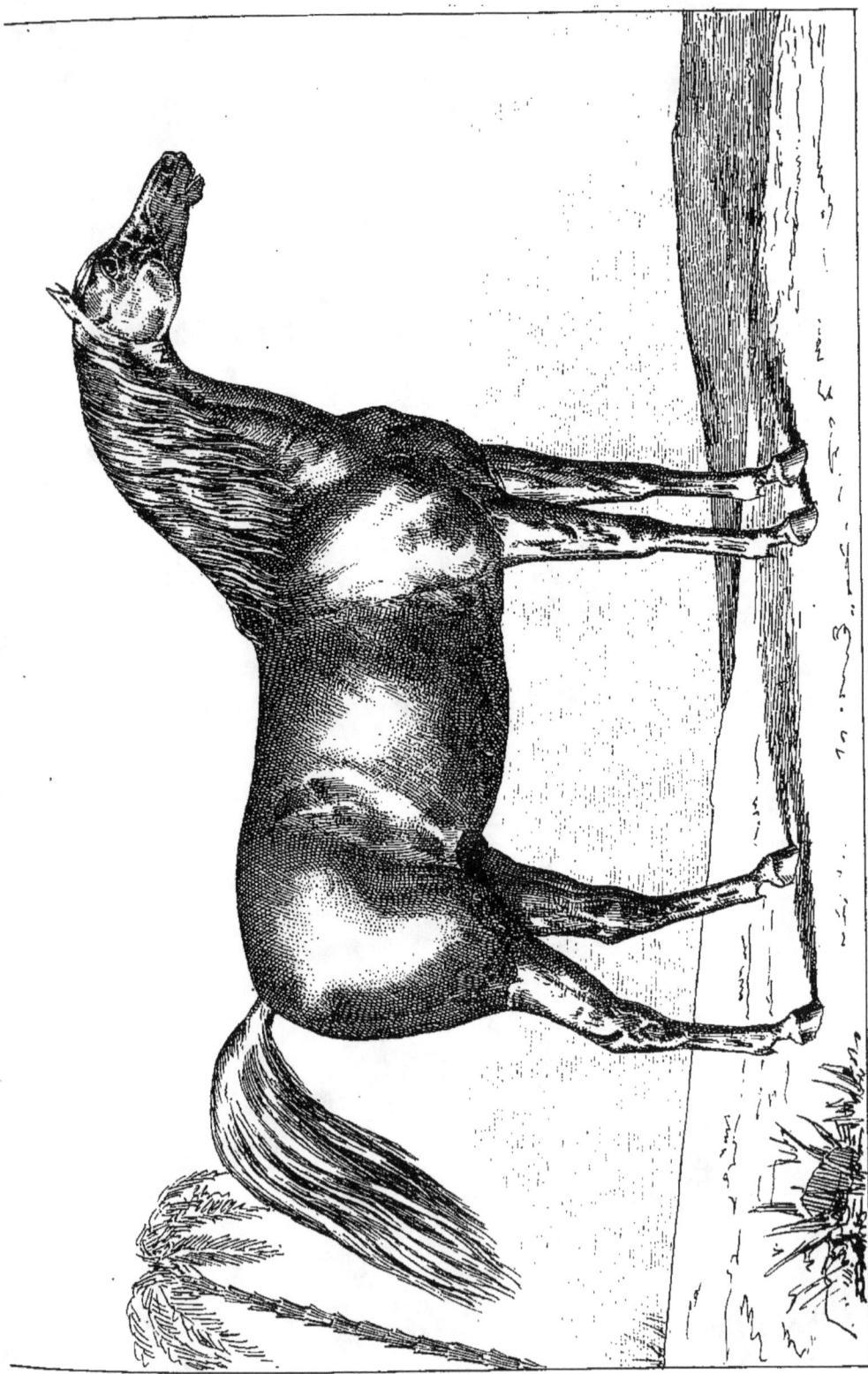

BARBE

ARABE

née, vingt lieues ; un bon cheval, trente ; et le vrai cheval de race, cinquante lieues (1).

On ne sait vraiment lequel admirer le plus, ou de la hardiesse avec laquelle les Arabes emploient leurs chevaux, ou de l'habileté inouïe avec laquelle, tout en s'en servant vigoureusement, ils savent les ménager.

En 1840, un cheval arabe porta monsieur Frazer de Shirat à Téhéran, dans l'espace de quatre jours (840 kilomètres), se reposa trois jours et revint en cinq jours. C'est donc une moyenne de 186 kilomètres par jour, soit quarante-six lieues et une fraction.

C'est principalement en Syrie, à Alep, à Damas, à Bagdad, où on rencontre les plus précieuses races.

Les chevaux arabes se trouvent en assez grand nombre dans les contrées qui avoisinent la Syrie et l'Euphrate, et c'est réellement là que l'on élève les plus belles races (2).

Toutes les fois qu'en France, comme en Angleterre, on est allé cherché des animaux dans ces contrées et que l'on a voulu y mettre le temps et l'argent, les convois ramenés ont toujours été excellents et ont produit sur nos races un effet parfait.

Le cheval arabe doit donc la supériorité de ses formes et de ses qualités aux soins dont il est l'objet

(1) *Le Cavalier Arabe,* par le général Daumas.
(2) David Low.

14

de la part des Arabes, au climat, aux lieux où il vit,
et surtout à la scrupuleuse attention que mettent les
Arabes à n'accepter entre eux que leurs meilleurs
producteurs et, enfin, aux épreuves de toutes sortes
auxquelles ils les soumettent.

Ces épreuves sont simples. Ce sont les longues
courses de la guerre et du brigandage, qu'ils entreprennent dans les déserts dont ils sont entourés. Non-
seulement il faut à ces animaux une force de résistance considérable, mais aussi une vitesse assez grande,
soit pour poursuivre soit pour fuir. L'étalon arabe est
donc le vrai cheval pour créer tous nos chevaux de
cavalerie légère, en Limousin, Marche, Auvergne et
Navarre.

La production de ce cheval, toujours plus grande
que lui, se développe, grandit, prend de la force sous
la main de l'éleveur intelligent et instruit.

Le poulain qui vient de naître n'est que le canevas
sur lequel l'éducateur habile travaille. Il le modifie
par ses soins, il le fait grossir par une nourriture
abondante et appropriée.

L'homme crée, suivant ses besoins, le cheval nécessaire au temps où il vit, aux exigences de son époque.

Les Anglais n'ont-ils pas créé leur race de pur sang
avec des chevaux et des juments arabes, barbes et
turcs, qui étaient petits, et ne sont-ils pas parvenus à
les grandir et à les développer? Est-ce plus difficile en
France ? Il est permis de croire que non.

L'étalon arabe de tête est donc indispensable pour relever nos races, pour leur donner cette homogénéité qui leur est nécessaire, leur rendre toute la régularité, la puissance dont elles ont besoin, pour reprendre, dans le monde hippique, la position qu'elles occupaient au moyen âge. Il est donc utile d'envoyer une mission en Syrie, afin de nous procurer de ces précieux animaux.

Mais il faut que les officiers des haras, chargés de ce soin, soient, pendant plusieurs années, à poste fixe dans ce pays, afin de pouvoir recueillir avec fruit et patience tout ce qui se trouvera de beau et de bon.

Les Anglais ont agi de la sorte au moyen de leurs consuls, qui étaient pour la plupart de grands négociants, dont les relations étendues et suivies avec les tribus, leur permettaient de choisir tout ce qui leur était nécessaire. Et ils ont réussi.

Barbe.

Le cheval barbe est une émanation du cheval arabe, du cheval père. Il est plus grand que lui. Sa taille varie de 1ᵐ 48 à 1ᵐ 52. Il possède une élégance et une grâce remarquables. Sa robe est généralement grise, gris truité ou alezan brûlé, son épaule est belle, sa poitrine profonde, ses membres puissants, ses articulations fortes, son corps est plus long que celui de l'arabe, ses membres postérieurs laissent quelquefois à désirer, son port de queue est moins haut que celui de l'arabe, son garrot est élevé, son rein droit et ferme, sa tête un peu longue et légèrement busquée, ses yeux grands et doux, son oreille un peu longue, sa peau fine et ses crins soyeux.

Le barbe est un animal de haute valeur, d'un sang précieux, d'une vigueur éprouvée. Comme l'arabe, il est capable de supporter de longues fatigues, répétées pendant plusieurs jours de suite. Il est sobre, dur et léger à la course.

Cette race a joui, pendant tout le moyen âge, d'une haute et légitime renommée. C'est elle qui a créé la fameuse race andalouse. Les Anglais, qui prisaient beaucoup les barbes, s'en sont activement servis dans la création de la race anglaise pure.

L'étalon *Godolphin-Arabian*, que l'on fait passer pour un cheval arabe, était sans contredit un beau et puissant barbe. Le portrait qui en a été fait par Steubs ne laisse aucun doute à ce sujet. C'est bien la tête, la physionomie du cheval de Barbarie. Nous citerons encore *Fairfax, Barb, Chillaby-Barb, Taffolet-Barb, Lurwen-Barb, Thoulouse-Barb*. Ces deux derniers animaux furent achetés à Paris par monsieur Curwen, du comte de Byram et du comte de Toulouse, l'un et l'autre fils naturels de Louis XIV. Le grand roi les tenait de Muley Ismaël, empereur du Maroc, qui lui en avait fait cadeau.

Ces deux étalons, d'une grande distinction et d'une

haute noblesse, furent très-accrédités en Angleterre, où ils produisirent fort bien.

C'est ainsi que nous perdions en France ces sujets d'élite qu'on avait pas su apprécier, et que l'Angleterre en faisait son profit. Ce n'est pas la seule fois que notre esprit léger a laissé profiter nos voisins de bénéfices que nous aurions pu conserver.

Les barbes, comme nous l'avons vu, étaient fort prisés au moyen âge, dans tous les haras des seigneurs du Limousin, de l'Auvergne et de la Marche. C'est à coup sûr à l'introduction continuelle par l'Espagne de ces animaux, que nous avons dû la haute renommée de nos chevaux de selle.

Les Maures, qui ont occupé l'Espagne plus de sept cents ans, faisaient venir de Barbarie une quantité de chevaux, qu'ils revendaient ensuite comme étalons à la France.

Les cours de Cordoue et de Grenade, où le luxe asiatique était porté au plus haut point, avaient fondé des haras de chevaux considérables. Le cheval suit la civilisation, car il en est un des ornements et une des jouissances. Partout où l'élevage de luxe de cet animal fleurit, où le commerce en est continu et considérable, on peut être assuré que c'est une contrée riche et prospère.

Les barbes étaient montés dans les tournois, dans les manéges, et tous les écuyers ont reconnu leurs qualités de vigueur, de souplesse, de fonds et d'énergie.

Le cheval barbe a besoin d'être attendu jusqu'à six ou sept ans, mais alors il dure dans sa force jusqu'à vingt-cinq et trente ans.

Il y a un vieux proverbe qui peint bien cette situation : « Les barbes meurent, mais ils ne vieillissent « pas. »

Il n'est pas toujours très-facile de se procurer des barbes de haute valeur et de noblesse ; mais, néanmoins, il en existe et il n'y a qu'à prendre la patience de les trouver.

Lorsque le duc de Morny était attaché à l'état-major de l'armée d'Afrique, en 1834 ou en 1835, il ramena plusieurs chevaux barbes, et parmi eux il s'en trouvait un du nom de *Mascara* qu'il vendit aux haras. Il fut placé en 1837 au dépôt d'étalons d'Aurillac et produisit le meilleur effet dans ces contrées.

Anglais.

Le cheval de pur sang anglais est le produit de juments arabes ou barbes avec des étalons de même race, importés en Angleterre de 1625 à 1725. Les Anglais, dont la race de chevaux était médiocre, commune, lourde, sans vitesse et sans énergie, songèrent à la remplacer par des animaux plus actifs, ayant plus de distinction, plus de noblesse. Leur esprit calcula-

teur leur fit tourner les yeux vers l'Orient, et ils pensè-
rent, à juste titre, qu'ils pourraient obtenir des résultats
heureux par l'introduction, dans leur pays, des races
du midi. Ils importèrent donc en Angleterre des juments arabes, des étalons de cette race, ainsi que des
juments barbes et des étalons de la même contrée.
Ils les allièrent ensemble et, pour les essayer, connaître
leur fonds, leur vitesse, ils établirent des courses
de chevaux.

Les produits de ces accouplements donnèrent
comme résultats des animaux un peu plus forts que
leurs ancêtres. Peu à peu, au moyen de soins judicieux, d'accouplements bien entendus, d'une nourriture saine et abondante, ils parvinrent à créer une race
nouvelle, plus grande, plus forte, plus puissante et
surtout plus vite que ceux dont ils descendaient. Cette
race, conservée pure de tout mélange, devint précieuse,
recommandable, et fut recherchée par tous les pays
voisins. Mais, il faut bien le dire, les chevaux du siècle
dernier étaient supérieurs à ceux de notre époque par
la richesse de leur conformation, la puissance de leurs
moyens, la netteté de tout leur ensemble.

A-t-on jamais rien vu de supérieur comme force,
sang, élégance, régularité dans les formes, vigueur
soutenue, à *Eclipse*, *Matchem* ou *Soldier*? Les
portraits qui nous en sont parvenus ne laissent aucun doute à ce sujet. Les pères de cette race célèbre
à juste titre sont: *Darley-Arabian*, *Godolphin-Arabian*, *Cullen-Arabian*, *Bierley-Turck*, et après: *Fliyng-*

Childers, Matchem, King-Hérod et Eclipse. A coup
sûr, de tels ancêtres ne pouvaient produire qu'une
longue et puissante lignée. Aussi, pour n'en citer
que trois, nous allons voir les nombreux vainqueurs
qu'ils ont donné : Matchem, petit-fils de Godolphin-
Arabian, 354 vainqueurs ; King-Hérod, petit-fils de
Fligny-Childers, 397 vainqueurs. Eclipse, par sa
mère petit-fils de Godolphin-Arabian, 344 vainqueurs.

Eclipse surtout a laissé une réputation extraordinaire. C'était le roi des coureurs, comme Fligny-
Childers était le soleil du turf.

Eclipse ne fut jamais battu, jamais un coup d'épe-
ron ou de cravache ne lui fut donné, et sa rapidité,
sa vigueur étaient telles que les meilleurs chevaux
de son temps ne purent lui tenir tête.

Les Anglais avaient réussi. Ils avaient créé, à force
de patience, de travail, de combinaisons heureuses,
une race d'une grande valeur.

Elle était d'autant plus supérieure qu'elle avait
été conservée avec un soin parfait, qu'aucun mélange n'y avait été introduit.

Elle se reproduisait par elle-même, avec une constance, une netteté parfaite. Elle était donc arrivée à
toute la perfection que peut souhaiter et désirer
l'esprit humain.

C'était le sang d'Orient acclimaté en Angleterre,

grandi, perfectionné, amélioré suivant les besoins de l'époque.

Résultat immense, considérable. Autant de temps que les Anglais ont conservé leurs courses à longues distances, autant de temps a vécu la véritable, la puissante race anglaise. Mais lorsqu'on s'est avisé de diminuer le parcours des épreuves, de lancer dans les courses des chevaux de deux et trois ans, alors tout a été changé.

Ces puissants coursiers, ces athlètes de l'espèce, ont disparu pour être remplacés par des descendants souvent indignes d'eux. Oui, le cheval de course de nos jours parcourt, sur l'hippodrome, 4,000 mètres en 4 minutes 1/2; mais serait-il capable de faire, comme ses ancêtres, vingt-cinq lieues dans un jour et recommencer le lendemain? Nous le souhaitons, nous ne le pensons pas.

Aussi le cheval anglais d'aujourd'hui est-il souvent un étalon médiocre pour faire des chevaux de cavalerie légère ou de luxe, en Limousin, Marche et Auvergne.

Nous ne le rejettons pas, bien loin de là, car nous connaissons sa noble origine, mais nous disons qu'en nos contrées, et surtout dans le Limousin proprement dit, l'étalon trop léger, trop enlevé, ne donne que des produits manqués et sans valeur. Il faut donc prendre, dans les étalons anglais, ceux qui, étant d'une taille relativement moyenne, ont une forte membrure. Le cheval, en Limousin, tend toujours à s'effiler, à gagner de la distinction et du sang. Il est donc utile de combattre cet excès qui devient nuisible, et on ne peut y parvenir que par l'emploi de pères d'une noble origine, mais d'une constitution puissante.

Anglo-Arabe.

La race anglo-arabe n'est pas une création nouvelle. Le grand-duc Christian IV, de Deux-Ponts, qui était un veneur intrépide et un cavalier parfait, s'était occupé déjà, en 1740, de former, dans ses Etats, une race de chevaux, par l'accouplement de la jument anglaise avec l'étalon arabe. Cette alliance avait parfaitement réussi et donné des produits intermédiaires entre les deux races qui y prenaient part.

Le grand duc n'avait pas créé de courses, quoiqu'elles fussent déjà fort nombreuses en Angleterre; mais il éprouvait ses chevaux dans les longues chasses à courre. Ceux qui n'avaient point donné des témoignages assurés de leur fonds et de leur vigueur étaient réformés, et ne pouvaient concourir à la continuation de la race.

Cette sévérité bien entendue dans les producteurs mâles et femelles, amena bientôt cette nouvelle famille à ce que l'on demandait.

La race deux-pontoise était plus grande que l'arabe, mais moins élevée que l'anglaise; elle variait de 1ᵐ 52 à 1ᵐ 55. Sa couleur était généralement grise, elle dénotait un sang précieux et avait tout ce qui était nécessaire pour croiser et améliorer d'autres races d'un ordre inférieur.

C'était une production utile. C'est ce que le gouvernement français a fait à Pompadour sous la direction de monsieur Gayot, officier aussi habile que grand travailleur.

Cette nouvelle race a pris vite faveur chez les éleveurs.

Le cheval anglo-arabe étant un produit intermédiaire pour le développement et la corpulence entre l'arabe et l'anglais, se présente dans des conditions de formes très-heureuses.

Il a les lignes plus longues, la taille plus élevée, le corps plus développé, les membres plus amples que l'arabe; il est moins plat, moins échappé, moins allongé que l'anglais (1). Sa nature est moins susceptible, ses produits moins irritables. Le poulain anglo-arabe, né et élevé à Pompadour, est tout aussi précoce dans son développement corporel que le cheval anglais, mais il gagne beaucoup encore pendant la cinquième et sixième année de sa vie (2).

Cette œuvre a été commencée vers 1843, et les résultats les plus heureux sont venus couronner cette

(1) Gayot.
(2) Rapport du général de la Moricière sur les Haras. 1849.

idée d'un plein succès. On employa à cette création deux étalons, *Massoud* et *Aslan;* le premier était arabe, le second turc.

Massoud avait été acheté à quatre ans, par le vicomte de Portes, dans la tribu des Fœdans, qui est considérée comme possédant les plus beaux chevaux du désert de Syrie. Ce magnifique cheval était de petite taille, mais doué d'une grande force et du sang le plus généreux. Il est, à coup sûr, un des étalons les plus remarquables qui soient venus en France. En Normandie, à Tarbes, à Pompadour, il a laissé les plus beaux souvenirs.

Aslan fut aussi ramené par monsieur de Portes. Kourchid, pacha d'Alep, l'envoya en présent au roi Louis XVIII, qui en fit don aux haras royaux. Comme Massoud, il fut envoyé en Normandie. C'était un cheval turc de la plus grande noblesse. Il était aussi de petite taille, mais tout en lui dénotait la vigueur et l'énergie.

Trois juments de pur sang anglais furent choisies pour concourir, avec les étalons que nous venons de nommer, au commencement de cette race. C'étaient *Selim-Mare, Comus-Mare* et *Daër.*

Selim-Mare, donnée à Massoud, produisit, en 1823, Delphine; Comus-Mare, livrée à Aslan, mit au jour, en 1824, Cloris; enfin, Daër, alliée à Massoud, donna Danaë en 1824. Ces poulinières, de sang anglo-arabe, étaient donc au nombre de trois : *Delphine, Danaë* et

Cloris. Elles avaient une origine parfaite, une conformation régulière, une santé excellente, en un mot, toutes les conditions nécessaires au succès (1).

Delphine avait une taille de 1ᵐ 55, des formes amples ét régulières, une grande noblesse dans l'œil et le front, qui rappelaient la distinction de ses auteurs. L'encolure était belle, mais le rein un peu long, le garrot était très-élevé, la poitrine spacieuse, les membres postérieurs remarquables (2).

Cloris fut une poulinière d'élite. Sa poitrine était spacieuse, son rein ample, mais comme celui de la précédente, un peu trop long.

Danaë a beaucoup produit de sujets distingués. Elle n'était pas au-dessous des autres.

Ces accouplements, suivis avec autant d'intelligence que de persévérance, ont donné à la jumenterie de Pompadour, en poulains, des étalons de premier choix et des poulinières du plus haut mérite.

Ce sont, parmi les mâles : *Romagnesi*, *Ben-Massoud* et *Xénocrate*. Ce dernier était surtout un étalon remarquable, un véritable père.

Les femelles sont : *Didon*, *Althéa*, *Reyne de Chypre* et *Camdour-Amdam*, toutes poulinières de mérite et de valeur.

(1) Gayot.
(2) Gayot.

Le résultat désiré a donc été obtenu, et cette race a une grande vogue parmi les éleveurs, qui trouvent dans cette création un étalon plus fort que l'arabe, moins grand que l'anglais et plus en rapport avec les besoins de l'époque.

Nous avons dit, dans le chapitre concernant Pompadour, comment cette belle collection d'animaux avait été maladroitement dispersée, nous n'y reviendrons pas.

CHAPITRE XX.

POILS DES CHEVAUX DU LIMOUSIN, DE LA MARCHE ET DE L'AUVERGNE.

Les chevaux du Limousin, de la Marche et de l'Auvergne étaient généralement de poils francs : bais, bais bruns, alezans, alezans brûlés, gris et gris mouchetés.

Cette dernière couleur s'est transmise jusqu'à nos jours, et les animaux qui la portent sont généralement des descendants directs de chevaux arabes pendant plusieurs générations. Ils sont tous très-vigoureux, bâtis avec force, de taille moyenne, et accusent dans leur extérieur un sang noble et précieux. Quoiqu'il y ait des bons chevaux sous tous poils, on doit bien reconnaître que ceux qui sont de poils francs sont généralement meilleurs ; ceux dont la couleur est claire, lavée, ont presque toujours moins de force, d'énergie, de vigueur. Il en est dans les animaux comme dans les hommes : on peut

certainement, quand on les connaît, juger l'intérieur
par l'extérieur.

Dans l'*Essai des Merveilles de nature et des plus
nobles Artifices,* par René François, prédicateur du
roi, publié à Rouen en 1624, nous trouvons à l'article *cheval,* chapitre LVI, ce qui suit : « De tous
« poils il y a certes d'excellents chevaux, pourtant,
« le bai obscur, c'est-à-dire couleur de châtaigne,
« le grison pommelé, le gris obscur tirant sur le
« noir, le gris nommé teste de more (c'est-à-dire
« qui a la teste plus noir que le corps,) l'alezan
« obscur, sont de plus gentille nature et emportent
« le prix. Le blanc moucheté de noir ou de rouge
« est de bon sens, légier, adroict; le gris pommelé
« est de grand courage et hardy ; le balzan des
« deux mains est malencontreux. »

Dans l'ouvrage de la *Mareschalerie Française et
Italienne,* par Pierre de la Noue, publié à Lyon en
1621, nous rencontrons ce qui suit :

« Or bien qu'on die qu'il y ait de tous poils bons
« chevaux..., les plus expérimentez tiennent que
« le bai-châtain surpasse tous les autres en perfec-
« tion et bonté, sensible, valeureux, hardy, l'esti-
« ment balzané du pied gauche, extrémités noires,
« étoile au front ;

« Bai-doré: vif, ardent ;

« Bai-clair: adroict, balzanés des deux pieds de
« derrière ;

« Noir : malicieux, vindicatif, mol ;

« Gris-étourneau : lâche, de peu de force ;

« Gris blanc : grande vigueur et santé ;

« Teste de More, si tu avais de bons ongles, tu
« vaudrais mieux que l'or, superbe, délibéré ;

« Mais, il n'y a reigle si générale qui ne reçoi-
« ve quelque exception. Enfin le prix du poil est
« à l'alezan brûlé, plutôt mort que lassé. »

Dans le *Traicté des chevaux*, par Baret, seigneur
de Rouvray, il est dit :

« Le cheval bai crains et queue noire doist être
« tenu pour très-bon.

« Le cheval gris pommelé sur noir, teste et jam-
« bes noires, tenu pour très-bon.

« Toutes les fois que les chevaux ont les flancs
« lavés sont à mépriser. » (1645)

En 1647, dans la *Vraye cognaissance du Cheval*, par
de Ruygny, il nous apprend « que le blanc trans-
« parent est très-estimé, fort prisé.

« Le blanc meslé de poils rouges est de très-
« bonne force.

« Les gris pommelés sont réputés excellents. »

Enfin, voilà ce que dit de Lespinay dans son *Maréchal expert*, de 1660 :

Marques que doivent avoir les bons chevaux :
Si tu veux un cheval qui longuement te serve,

15

Prends surtout le brun-bay, et soigneux le conserve;
Le grison n'est mauvais : mais on répute beau,
Le cheval quand il est de toutes parts moreau.
Si pour les tiens et toi tu veux avoir monture,
Choisi surtout le blanc, car longuement il dure.

Tous les écuyers qui ont écrit se sont occupés de classer les poils des chevaux, et de dire ceux qu'ils trouvaient bons de ceux qu'ils regardaient comme mauvais.

Nous pourrions continuer nos citations, car les vieux hippologues s'occupaient beaucoup de juger, d'apprécier la couleur de la robe des chevaux.

Les Arabes, qui sont forts connaisseurs pour les animaux de race, qui s'en servent beaucoup et fort bien, ont aussi des appréciations semblables.

Quand vous voulez acheter des chevaux, ils vous disent : « Choisis des robes franches et foncées. Les « robes claires et lavées, ainsi que les taches blan- « ches à la tête, sur le corps et aux extrémités, sur- « tout quand elles sont larges, longues ou hautes, « regarde-les comme des dégénérescences de race « et des indices de faiblesse. (1)

(1) Le *Cavalier Arabe*, par le général Daumas.

———————

CHAPITRE XXI.

Il est nécessaire, utile, de donner des encouragements à l'élève du cheval, afin d'exciter l'émulation
entre les différents éleveurs. Ces récompenses se
nomment primes. Elles sont généralement distribuées par un jury, composé d'hommes compétents.

Lorsque l'on veut restaurer, relever une race qui
est presque tombée, on a l'habitude de commencer
par donner des primes aux poulinières et aux pouliches, peu élevées : de 50, 60, 70, 80 et 100 francs ;
mais, lorsqu'au bout d'un certain nombre d'années la
race s'est relevée, on augmente la valeur des primes
en diminuant la quantité, et on les porte à 300, 400
et même quelquefois plus, suivant l'argent que
l'on possède.

Bien entendu qu'il n'est possible que de récompenser les sujets les plus distingués qui sont présentés dans le concours. Mais aussi, avec des sommes assez élevées, on donne une vive excitation aux éleveurs. Le succès du voisin engage à tâcher de faire mieux que lui afin d'obtenir un des plus gros prix. Cette noble concurrence excite la production et fait souvent faire des merveilles.

Il y a une autre sorte d'encouragement qui se nomme le pensionnement. Il a été employé par l'administration des haras avant la révolution, concurremment avec les primes. Il a produit les meilleurs résultats. Nous en avons trouvé les preuves dans les lettres des intendants ou dans les rapports des officiers des haras de cette époque. Voilà en quoi consistait ce système :

On choisissait des juments parmi les meilleures, les plus distinguées, celles qui avaient l'origine la mieux constatée, et on leur accordait une pension annuelle à laquelle elles avaient droit toutes les fois qu'elles étaient suitées. Chaque année, dans les revues, on les visitait, afin de savoir si elles méritaient une classe supérieure dans le pensionnement, ou si, par suite de maladies, elles devaient être réformées.

Ce mode d'encouragement est fort apprécié de tous ceux qui connaissent la question chevaline; car, outre qu'il donne une forte impulsion aux éleveurs, il permet aussi de fixer sur le sol les bonnes

poulinières qui, sans cela, sont souvent vendues et
disparaissent de la contrée.

C'est toujours par l'intérêt qu'il faut prendre les
hommes, et une somme d'argent bien distribuée à
propos, et reçue comptant, fait plus que tous les
beaux discours et les belles paroles.

Les juments poulinières qui se trouvent désignées
pour le pensionnement doivent être choisies par le
jury avec une grande réserve. Elles doivent non-
seulement avoir la beauté, une taille raisonnable
dans la race, des membres forts et sains, une conformation large pour mettre facilement les productions
au jour, mais aussi posséder une origine constatée
depuis un certain nombre de générations.

C'était généralement parmi ces juments que les
officiers des haras, d'avant la Révolution, achetaient
des poulains pour en faire des étalons.

Il ne nous a pas été possible de retrouver les
états de ces juments, mais nous pourrons, par appro-
ximation, fixer à deux cents les juments de cette
catégorie, en Limousin, Marche, Auvergne et le
pays de Combrailles.

Les concours, les réunions provoquées pour les
distributions de primes, ont une grande portée,
L'observateur y puise des leçons qui ne peuvent
l'égarer et qu'il ne trouvera pas ailleurs. (1)

(1) Gayot. *France chevaline.*

Dans la fixation du taux des primes, il faut toujours calculer, dans chaque localité, le prix de la valeur des poulinières, celui de la nourriture, ainsi que la défaveur qui pèse sur le cheval de selle de nos jours, par suite de la difficulté de l'élevage et même de la vente. On comprend que ce prix doit naturellement être plus élevé dans ces pays, où la poulinière ne travaille pas, que dans ceux où elle rend des services comme agent de l'agriculture. D'un autre côté, la belle jument de race coûte bien plus cher. C'est donc un capital considérable qui est avancé, dont il faut compter l'intérêt à un taux élevé, à cause des pertes, des époques où la mère se trouve vide.

Les éleveurs qui ont des juments de tête, réunissant toutes les qualités nécessaires et exigées, sont rares. Il arrive, malheureusement trop souvent, que devant la nécessité de faire de l'argent, soit pour payer la ferme, soit pour vivre, le propriétaire ou le fermier, trouvant un gros prix, vendent la poulinière et la pouliche et la remplacent par une de moindre valeur.

Rien de pareil ne se produit en Angleterre, où les propriétaires sont fort riches et où les fermiers sont presque toujours de grands capitalistes, qui sont lancés dans l'agriculture, dont ils font une véritable industrie.

Les primes offertes aux poulinières sont des indemnités données à l'éleveur intelligent, une protection, un appui, un intérêt de conservation, créés dans des vues profitables au perfectionnement de la race. Elles sont la source de soins spéciaux et éclairés, un stimulant qui fait mieux nourrir la pouliche, car c'est à partir de la jeunesse que l'on fonde, chez le cheval, la force et l'ampleur des formes (1). Il faudrait donc pouvoir arriver à ce fait que toute pouliche de valeur serait primée et conservée pour la reproduction, tandis que celle qui ne le serait pas deviendrait désignée pour la vente (2).

L'espoir de nos races est dans cette direction. Or de là, il n'y a pas de salut. Tout se perdrait en quelques années, et le travail d'un quart de siècle ne servirait plus à rien (3).

Préseau de Dompierre, qui a écrit, en 1787, un ouvrage sur les haras, qui est fort estimé, affirme qu'il faut toujours former des poulinières dans les pays où l'on veut élever des chevaux, parce que les juments, à bonté et beauté égales d'ailleurs, sont supérieures à celles des pays étrangers, parce que ces dernières ne sont pas acclimatées.

Dans aucune partie de l'univers, les chevaux ne

(1) Gayot.

(2) Gayot.

(3) C'est à l'initiative du général de Lavaud-Coupet, il y a plus de trente ans, que la Creuse doit la reconstitution de sa race.

peuvent être abandonnés aux seuls soins de la nature sans dégénérer.

Sous l'ancienne administration, la distribution des récompenses avaient lieu, pour le Limousin et la basse Marche, à Pierre-Buffière, les Places, Pompadour, St-Junien, St-Priest-Coursières, la Bouteille, la Souterraine et Bellac. Ces réunions s'appelaient des revues. On y récompensait, non-seulement les belles poulinières, mais aussi les bons poulains entiers, afin d'exciter les éleveurs à nourrir de bons produits, parmi lesquels étaient choisis les étalons achetés par les haras. Il était convenu, par le règlement, que les juments qui avaient obtenu la première prime de 100 livres, ne pourraient pas y prétendre l'année suivante; celles qui auraient des primes de 60 livres, ne devaient concourir que pour les 100 livres ou les 40 livres, et ainsi de suite.

Il est beaucoup plus rationnel de donner les primes aux juments qui les méritent, sans se préoccuper de savoir si elles ont été récompensées l'année précédente. Le mérite est le mérite. On ne doit jamais penser aux personnalités, et les jurys, qui rendent justice à tout le monde, sans exception de conditions, sont les seuls qui attirent vers eux le respect de tous.

Tous les propriétaires qui avaient quatre juments de la première classe étaient exempts des logements de gens de guerre, et leur fils aîné n'était pas compris dans la milice.

Aubusson et Chénerailles, dans la haute Marche, Chambon, dans les pays de Combrailles, étaient les lieux fixés pour les revues.

En Auvergne, c'était Aurillac, Mauriac, St-Flour, Clermont, Issóire et Brioude.

———————

CHAPITRE XXII.

DE LA NAISSANCE DU POULAIN. — DE SON ÉLEVAGE.

Le poulain vient de naître ; il réclame des soins attentifs, il faut les lui donner si l'on veut éviter les accidents et les maladies. D'ordinaire, il vient au jour vers les mois d'avril, de mai ou de juin, à une époque de l'année où la température est douce et bienfaisante. Mais il faut néanmoins le préserver de la fraîcheur du matin et de celle du soir pendant quelques jours.

Une température un peu élevée favorise le développement de ses membres, et le froid a sur lui une influence pernicieuse. Sa première nourriture est le lait que lui donne sa mère. A six semaines environ, le poulain essaye de mâcher quelques brins de foin ou de paille, c'est le moment favorable pour commencer à lui donner de l'avoine concassée, qu'il mange avec plaisir et avidité. Il la digère facilement et, en peu de temps, il acquiert une force qui lui permet de résister aux rhumes, aux fluxions et aux gourmes précoces.

Une nourriture abondante, relativement à son âge, facilite la circulation du sang, aide à la croissance et au développement des muscles.

Il est aussi utile de bien nourrir la jument, pour qu'elle puisse donner, dans les premiers mois, à son poulain, un lait riche et fortifiant.

On sèvre d'habitude le poulain à sept ou huit mois.

Il y a des éleveurs qui font cette opération à quatre ou cinq mois ; mais alors, il faut nourrir le poulain plus abondamment, afin qu'il se passe facilement des soins de sa mère.

Les éleveurs ont toujours intérêt à avoir des produits grands et forts, ce qui ne s'obtient avec sûreté, que par des soins intelligents, une nourriture forte donnée avec régularité et mesure. Lorsque le poulain va être sevré, il faut commencer par lui faire porter une têtière de licol, afin que peu à peu il s'habitue à se laisser prendre, mener à l'écurie et attacher.

C'est de la nourriture, donnée dans les deux premières années, d'où dépendent la conformation et les qualités du cheval. Les Anglais, qui sont des éleveurs si pratiques et si habiles, disent : « *La bonté du cheval vient de sa bouche.* »

Il faut avoir, avec les jeunes animaux, des soins continus, une extrême douceur, afin de les habituer à l'approche de l'homme et à ne point s'effrayer du bruit.

Nous trouvons, dans le *Propriétaire des Choses,*

ouvrage traduit du latin par ordre de Charles V, roy
de France, en 1372, la mention suivante : « Il faut de
« la sagesse, de la patience, pour élever les jeunes
« animaux, et ce que apprend poulain en jeunesse,
« tout se veut-il manifester en vieillesse, il devient
« rebelle quand celui qui le gouverne est rude, félon
« et mal appris. »

Le manque de soins, pendant la première période
de la vie, influe beaucoup sur le reste de l'existence,
et il arrive souvent que des poulains de même âge, de
race identique, diffèrent considérablement les uns
des autres. Les uns se portent bien, se développent,
sont doux; les autres, au contraire, sont malades, rachi-
tiques et hargneux.

Les jeunes animaux ont, en outre, besoin d'un exercice journalier, de courir dans la prairie avec leur
mère, afin de donner de la force, de l'élasticité, de la
souplesse à leurs membres. Dans nos contrées, ils ont
ordinairement neuf mois de saison au pacage, et le
reste ils le passent à l'écurie. Pendant ce temps, il est
nécessaire de les faire sortir, chaque jour, quelques
heures, afin qu'ils s'ébattent et prennent un exercice
utile et salutaire à leur santé.

Généralement, les écuries ne sont pas toujours ce
qu'elles devraient être: saines, propres et spacieuses.

Aujourd'hui que l'élevage est livré aux mains des
laboureurs ou des petits propriétaires, il n'ont pas
toujours ce qu'il faudrait pour que le cheval y soit

bien placé, de l'air et des soins contre le froid, avec une grande propreté.

Lorsque le poulain atteint sa troisième année, il faut s'occuper de son dressage, qui a dû déjà être commencé, en le faisant monter, quand il va à la prairie, par des enfants, dont le poids léger ne l'inquiète pas et ne lui occasionne pas de souffrances, ce qui pourrait lui donner l'idée de résister et de se défendre.

« Pour le poulain dresser on doict employer soi-
« gneusement l'œil, le jugement, à le mettre en le
« droict chemin pour le reduire à raison et le soumet-
« tre à l'obéissance. Il faut avoir autant de douceur
« que le poulain montre de résistance et en cela il faut
« comme en toutes choses saisir l'occasion au poil. » (1)

Nous trouvons dans l'*Escuyrie* de monsieur de Pavari, vénitien, publiée à Lyon en 1581, de sages conseils qu'il est toujours utile de suivre : « Ayant en mains
« un jeune cheval, suyvez ce qui sera dit cy-après et
« vous le trouverez utile. En premier lieu, si le poulain
« est factieux, qu'il recule au montoir, je ne veux que
« vous ne fassiez autre chose pour le meilleur remède,
« que de prendre un autre cheval qui soit doux
« et paisible afin de l'habituer à la cognaissance du
« cavalier et qu'il le voit et aussitôt le cavalier monte ;
« s'il tempête restez près de lui, jusqu'à ce qu'il
« s'arrête et une fois que le verrez arresté, faites
« repartir vite ce cheval qu'il se décidera à suivre et

(1) *Cavalerie française* de de La Noue, 1621.

« une fois le poulain acheminé, faites-le caresser par
« celuy qui le monte, afin qu'il s'apprivoise à l'hôme
« et enfin avec précaution lui mettrez la main sur la
« teste et lui donnerez caresses flatteuses. Car à la
« vérité la douceur gaigne et advance plus que le fait
« la vigueur et ne deviennent les chevaux vicieux que
« pour avoir estés traictés trop rudement. »

Tous les jours il faut exercer le jeune poulain, afin
qu'il n'oublie pas ce qu'on lui a appris la veille.

Les Anglais, qui sont fort habiles et très pratiques en
l'élevage des chevaux, donnent leurs plus grands soins,
non-seulement à procurer une nourriture saine et
abondante à leurs jeunes élèves, mais aussi à leur
dressage. C'est cette méthode qui a fait leurs plus
grands succès. Quand autrefois, dans une foire, on
vous vendait un cheval qui n'avait jamais été monté ni
attelé, eux, au contraire, vous le livraient tout prêt à
entrer en service.

L'éducation définitive d'un cheval de race n'est pas
petite chose, lorsqu'on veut la mener à bonne fin. Elle
exige souvent des soins dispendieux, le succès n'en est
pas toujours certain. Néanmoins, avec de l'intelligence,
de la patience, de l'argent, on peut arriver à des résultats convenables.

Autrefois, dans nos contrées, on ne commençait le
dressage qu'à cinq ou six ans. C'était une erreur. Le
cheval, comme l'homme, ne s'instruit vite et bien que
dans le premier âge. Les Arabes disent à ce sujet :

« Les leçons de l'enfance se gravent sur le marbre,
« les leçons de l'âge mûr disparaissent comme les
« nids des oiseaux ; ils disent encore : la jeune branche
« se redresse sans grand travail, mais le gros bois ne
« se redresse jamais. » (1)

Dans les fermes, en Angleterre, où on élève des chevaux, on cultive généralement la carott fourragère, le navet, l'orge, et on en donne aux jeunes animaux suivant leur âge et leurs forces. Les racines, dans la nourriture des chevaux, est chose bonne et rafraîchissante. On a aussi l'habitude de leur donner des aliments cuits, qu'ils mangent avec avidité aussitôt qu'ils y sont habitués.

Ainsi donc, l'art d'élever de grands et forts chevaux comme ceux des Anglais, se trouve renfermé dans le coffre à avoine. C'est dans la première année qu'a lieu la plus grande croissance.

Généralement, si l'on veut activer la taille et la grosseur du poulain, il faut lui donner, dans les six premiers mois, une livré d'avoine concassée par jour; et quand il est sevré, lui doubler cette ration. Dans la deuxième année, il est utile d'arriver à un chiffre de huit litres par jour.

Lorsqu'il est parvenu à la taille qu'il doit prendre, à la fin de la deuxième année, au commencement de la troisième, on peut le sevrer en grande partie de cet aliment et le laisser à l'herbe de la prairie. Ce qui a été

(1) *Cavalier Arabe*. Général Daumas.

gagné par une nourriture abondante ne se perd plus, et l'éleveur n'est point embarrassé d'un animal qui réunit en lui la taille et la force.

Le paysan est fort capable de faire naître, mais il ne sait pas et ne peut point élever avec soins et intelligence le cheval de race. Tout lui manque. L'avance, qui est assez considérable, les écuries spacieuses et les prés bien aménagés. Nos contrées ont donc tout intérêt à avoir de belles poulinières et à trouver des débouchés assurés pour leurs poulains.

CHAPITRE XXIII.

RACE. SANG. NOBLESSE.

Les Français nomment race ce que les Anglais appellent sang et ce que les Allemands désignent sous le nom de noblesse.

Ces trois noms différents expriment la même idée, ont la même signification. Ce n'est pas une petite chose que la race, le sang ou la noblesse, dans l'espèce chevaline. De son emploi bien calculé, judicieux, dépend la valeur, la puissance, l'énergie des animaux.

Le cheval, qui n'a que de la race, n'est bon à rien; celui qui ne possède qu'une force matérielle n'en vaut pas davantage.

C'est de l'alliance de l'un et de l'autre, dans de justes proportions, que naît et se forme le produit qui a une grande valeur à notre époque.

Supposons, pour un instant, un limousin plein de sang, de race, de noblesse, mais n'ayant en dehors de cela aucune force réelle, aucune puissance ; à quoi peut-il servir ? A rien. D'un autre côté, prenons un boulonais, lourd, gros, gras, grand, massif, n'ayant aucune distinction, pas le moindre sang, que ferez-vous de cette masse inerte ? Encore rien.

C'est donc d'un mélange bien combiné, bien réussi de ces deux natures si opposées, que naît le cheval fort, leste et courageux. Les Anglais, en créant leur hunter du siècle dernier, nous ont donné la preuve de cette excellente combinaison.

Nous allons prendre un exemple dans le moyen âge, qui nous donnera encore l'explication de ce calcul, de ce raisonnement.

Les fameux dextriers, les chevaux de bataille, alliaient à une taille élevée, une force d'impulsion considérable. Ils avaient en eux la puissance du poids alliée à la vitesse. Ils étaient le résultat du croisement de la jument normande, bretonne, allemande, avec le cheval arabe, ou le genest d'Espagne, qui, lui-même, avait été formé de l'accouplement des chevaux barbes avec les juments distinguées de la péninsule Ibérique.

Ce dextrier, quand il était réussi, était le cheval le plus splendide, le plus fort, le plus vigoureux de ceux du moyen âge. Il avait une grande valeur, il s'achetait à des prix élevés, et ceux qui le fournissaient se faisaient des gains assurés.

Ce qui prouve d'une façon irréfragable que la puissance de la race, que le sang, que la noblesse, sont une force indéniable, c'est que l'on a vu souvent des chevaux barbes ou limousins d'une taille ordinaire, renverser au choc de grands dextriers d'Allemagne.

Oui, le sang, la race, la noblesse, sont des qualités considérables dans la reproduction et le croisement.

Plus un étalon a de race, plus elle est ancienne, mieux et plus facilement il transporte ses qualités à ses descendants.

Nos anciens chevaux limousins, auvergnats, marchois, n'avaient une si grande supériorité que parce qu'ils avaient été croisés, pendant des siècles, avec des étalons arabes ou barbes, qui avaient glissé dans leurs veines un sang plus précieux, plus chaud, plus bienfaisant.

Le climat, le sol, les herbes, les eaux s'y joignant, avaient fait d'eux les premiers chevaux de cavalerie légère de l'Europe.

Si les Anglais possédaient le Limousin, la Marche et l'Auvergne, ils y élèveraient les chevaux les plus remarquables que l'on puisse désirer. C'est que ce peuple pratique, calculateur, capable de suivre longuement une idée, aurait mis le temps, les soins, l'intelligence et l'argent nécessaires à accomplir son œuvre.

Rien de semblable en France, chaque jour met en doute et en suspens ce que la veille a décidé, et en fin de compte, rien ne se fait et ne se termine.

CHAPITRE XXIV.

ÉLEVAGE.

IL EST UTILE QUE L'ÉLEVAGE SOIT DIVISÉ.

L'élevage du cheval ne peut être productif qu'à la condition d'être divisé. Le propriétaire, qui possède des juments poulinières, fait naître, élève les produits jusqu'au sevrage, a tout avantage à les vendre à cette époque. Celui qui les achète les garde deux ans et les cède à un autre éleveur, qui termine leur élevage, les dresse et les vend soit au commerce, soit à la remonte. C'est le seul moyen de réaliser des bénéfices, d'éviter des pertes.

Ceux qui veulent avoir des poulinières, conserver leurs produits et les amener chez eux à devenir des chevaux faits et propres à la vente, s'encombrent, dépensent généralement un argent qu'ils ne retrouvent pas.

Il en est dans l'agriculture bien dirigée comme

dans l'industrie il faut toujours calculer le prix de revient et celui de vente.

Dans les grandes manufactures, le travail est très-divisé ; un ouvrier fait toujours la même pièce. Il arrive à l'exécuter très-vite et très-bien. Il y gagne et son patron aussi.

Eh bien ! dans la production, dans l'éducation du cheval, il est utile de suivre les mêmes principes. Au XVIᵉ et au XVIIᵉ siècles beaucoup de gentilshommes du Périgord achetaient aux foires de Chaslus et de Limoges des poulains qu'ils élevaient dans leurs prairies, jusqu'à l'âge de cinq ans, époque à laquelle ils les revendaient 1,500 et 2,000 livres. Ils leur coûtaient en moyenne, à dix-huit mois, de 200 à 250 livres.

Cette opération s'est faite dans bien d'autres pays. Aujourd'hui, les Anglais, qui sont de très-grands et très-habiles spéculateurs, font acheter, par des courtiers, en Bretagne, en Normandie, les plus beaux poulains, les meilleures pouliches, de deux à trois ans ; les mènent en Angleterre et nous les revendent à quatre ans comme chevaux anglais.

Au moyen âge, nous l'avons déjà vu, les Espagnols faisaient de nombreuses acquisitions de poulains de deux et trois ans, aux foires de Limoges, de Chaslus, de Madeleine-en-Roche, de Tulle, d'Aurillac, de Mauriac, les conduisaient en Andalousie, et tout simplement nous les revendaient à cinq ou six ans, comme de vrais chevaux andalous.

Il serait facile de citer bien d'autres exemples de la transmigration des poulains, car ce mode d'élevage se pratique dans le monde entier.

A coup sûr, si ce commerce a eu lieu pendant des siècles, s'il continue toujours, c'est que ceux qui l'on fait ou ceux qui l'entreprennent encore, y ont trouvé et y rencontrent, de nos jours, des bénéfices et un profit convenables.

Ainsi donc, si chaque année il sort du Limousin, de la Marche ou de l'Auvergne, un assez grand nombre de jeunes animaux, c'est qu'il n'est pas possible aux éleveurs de les conserver, et qu'il est fort heureux qu'il se trouve, en d'autres localités, des propriétaires qui viennent les acheter pour terminer leur élevage. Transportés dans des pays plus riches, où les herbages n'ont pas toujours la qualité et la délicatesse des nôtres, ils y trouvent néanmoins une nourriture plus forte, qui les développé en taille et en grosseur.

Avant la révolution, et à plus forte raison au moyen âge, alors que la propriété n'était pas divisée comme aujourd'hui, les grands éleveurs achetaient presque toujours à leurs fermiers les poulains et pouliches d'espérance, pour les conserver. Aussi, les trois provinces de l'Auvergne, du Limousin et de la Marche, produisaient-elles beaucoup plus de chevaux que de nos jours. La consommation était considérable; il fallait donc pourvoir chaque année au remplacement.

En 1703, il s'est vendu à la seule foire de la St-Georges,

à Chaslus, plus de sept cents poulains de deux ou de trois ans (1). On peut donc juger, par ce chiffre, de ce que donnaient ces provinces, quand on songe aux foires de Limoges, de Clermont, d'Aurillac, de Mauriac, etc.

Ce vaste commerce, qui faisait entrer tant d'argent (2) dans les localités, s'est arrêté, par suite du changement des habitudes, de la moins grande valeur et du peu d'emploi du cheval de selle, ainsi que de l'importance prise par le cheval à deux fins.

(1) Archives du Royaume. Correspondance des Intendants.
(2) Correspondance des Intendants.

CHAPITRE XXV.

REMONTES DES RÉGIMENTS DE CAVALERIE LÉGÈRE
AVANT LA RÉVOLUTION.
HUSSARDS DE CHAMBORANT, BERCHINY, ETC.
REMONTE DE NOTRE ÉPOQUE. — DÉPOTS DE REMONTE.
PRIX DES CHEVAUX DE CAVALERIE LÉGÈRE.

Le Limousin, l'Auvergne, la Marche, étaient des contrées très-favorables aux remontes de notre cavalerie légère. A cette époque, les capitaines étaient propriétaires de leurs compagnies et devaient les remonter convenablement. Il y avait des ordonnances à ce sujet qui leur imposaient certaines conditions, qu'ils étaient obligés de remplir (1).

Quand les capitaines ne remontèrent plus leurs compagnies, il fut fait une masse pour subvenir à la remonte, et le gouvernement se chargea de pourvoir à tous les besoins du soldat (2).

(1) Cabinet du général baron Prevel.
(2) Cabinet du général baron Prevel.

Ce fut à cette époque que les régiments firent directement leurs achats. Généralement, les corps désignaient des officiers chargés de ce service. Ils les envoyaient dans les pays d'élèves. Ils s'y établissaient, louaient des fermes où il y avait de vastes pâturages, suivaient les foires, visitaient les éleveurs et achetaient des poulains de deux ou trois ans, qu'ils finissaient d'élever pour le compte de leurs régiments.

Ils les choisissaient avec un soin parfait, car ils les voyaient naître sous leurs yeux, ils connaissaient l'origine du père et de la mère, leur valeur réciproque.

Il y avait des régiments qui opéraient autrement. Ils achetaient les poulains et les plaçaient en pension chez des herbagers. Cette manière d'agir n'était pas la meilleure.

Dans ces petits dépôts, les chevaux étaient bien traités, nourris avec un soin et une intelligence parfaite. On les montait, ils étaient dressés avec patience par des hommes choisis, et quand ils arrivaient au régiment, ils se trouvaient propres et disposés au service qu'on avait à réclamer d'eux. Dans des conditions pareilles, il y avait peu de non-valeurs. Le cheval était non-seulement prêt au travail auquel il allait être assujetti, mais aussi il avait été bien nourri dans de bonnes prairies, avec des foins excellents et une quantité d'avoine suffisante et raisonnable pour son âge.

Il y avait en Limousin plusieurs dépôts d'élevage. Celui qui était placé près de St-Léonard était établi dans un domaine, entouré de vastes prairies et qui s'appelait Chez le Gros.

Les hussards de Chamborand, ceux de Berchiny, les dragons (1) de Lassan, de Condé, occupèrent à différentes époques Puymory, Magnac-Bourg, l'Aubépy, Maraval-la-Plaine, la Maison-Rouge, les Poussés, Nexon, la Couture et St-Priest-Taurion.

Le régiment de Bourbon-Dragons avait son dépôt à Mazure, près Limoges. Cet établissement fut dirigé jusqu'en 1790 par le capitaine Houchard, devenu depuis général.

En 1782, le capitaine Magonetzhy commandait le dépôt de poulains formé près de Pierre-Buffière, pour les hussards de Berchiny. Il quitta cette résidence pour venir se fixer au domaine de Chez le Gros, près Saint-Léonard.

Il y avait, dans ces dépôts, le commandant, un maréchal-des-logis, deux brigadiers et quatorze hussards. C'était d'ordinaire le chiffre habituel employé dans ces petits établissements.

Les conditions prises par le régiment avec le propriétaire de l'immeuble étaient simples et coûtaient peu. On payait, par chaque année, une somme de 300 livres pour le logement du commandant et du sous-officier ; car les brigadiers et les hommes couchaient aux écuries.

(1) A cette époque, la taille du cheval de dragon était moindre que de nos jours.

Le propriétaire, de son côté, devait fournir tous les objets de literie, les draps, les ustensiles de cuisine et la paille de seigle pour la litière.

Les fumiers lui appartenaient. Il était aussi chargé de préparer les foins, paille de froment et avoine suivant des prix convenus par chaque année.

Ainsi, en 1783, le foin lui était payé 48 sols les 100 l.

id.	1784	id.	46 s.	id.
id.	1785	id.	100 s.	id.
id.	1786	id.	43 s.	id.

Nous n'avons trouvé, dans nos recherches, que ces quatre années.

En 1787, l'avoine valait huit livres le septier.

Le propriétaire recevait, en outre, par an, un sol par bête.

Ce fut en 1786 que le capitaine Magnonetzhy fut remplacé par le lieutenant Desombately.

Quatre ans après, un détachement de chasseurs du Hainault, revenant d'Auvergne, sous les ordres du capitaine Lamotte, remplaça à Chez le Gros les hussards de Berchiny.

Le propriétaire de Chez le Gros était un éleveur assez considérable, et il fournissait chaque année un certain nombre de poulains fort distingués.

Il y avait d'ordinaire, dans ces petits dépôts, de cent à cent vingt poulains, de un an à quatre et cinq ans.

Leur prix, de un an à deux ans, variait de 220 à 250 livres.

Les Chamborands eurent, pendant un certain nombre d'années, un dépôt fixé près du Grand-Bourg Salagnat, dans la paroisse de St-Priest-la-Plaine. Il fut plus tard transporté près du Dorat.

En Auvergne, les dépôts des régiments étaient placés dans les environs d'Aurillac ou de Mauriac, un seul se trouvait dans la Limagne, très-rapproché d'Issoire. Les régiments qui s'y remontaient étaient : Royal-Navarre cavalerie (1786), les chasseurs de Lorraine, de Hainault et d'Estherazy.

Depuis la révolution, la remonte des régiments de cavalerie légère de l'armée s'est toujours faite en grande partie dans les provinces de la Marche, du Limousin, de l'Auvergne et de la Navarre.

Les chevaux de ces provinces étaient excessivement propres à cette destination et, de tout temps, les régiments ont été satisfaits de leurs acquisitions, soit par la voie directe, soit par les dépôts de remonte.

Nos anciens officiers de cavalerie appelaient nos limousins des *mangeurs de baïonnettes*, tant ils étaient intrépides au feu, vigoureux à l'action.

Napoléon Ier, qui avait si bien l'intuition des grandes choses, disait: « Nos Limousins et nos Navarrais « sont mille fois préférables pour la guerre à l'anglais « de pur sang. Ce n'est point l'extrême vitesse qui

« fait le bon cheval de guerre, c'est la souplesse,
« l'adresse, la docilité. » (1)

Nos chevaux étaient non-seulement prisés en France,
mais aussi à l'étranger; le célèbre écuyer allemand, de
Burgsdorff, écrivait en 1837 :

« En 1793, j'ai vu les superbes chevaux Limousins et
« Normands amenés sur le Rhin par les principaux
« émigrés français, j'en ai monté plusieurs, entre
« autres ceux du brave et malheureux Sombreuil, et je
« n'ai jamais trouvé plus de souplesse, de vigueur, de
« fonds et d'adresse. »

Napoléon, qui aimait beaucoup les chevaux de races
françaises, n'acceptait, dans ses écuries, pour son service de selle, que des arabes, des limousins et des
navarrais ; mais il donnait la préférence aux limousins
sur les chevaux de la Navarre. Parmi les plus fameux
se faisait remarquer un cheval alezan, qui fit avec lui
les campagnes d'Italie, l'*Embelle*, qu'il monta jusqu'en
1814. Ce cheval entra ensuite au manège de Versailles,
et ne fut réformé qu'en 1827. Il avait accompagné son
maître à Iéna, en Espagne, en Russie et était son
favori dans les chasses de Fontainebleau (2).

Monsieur de Caulaincourt, grand écuyer, montait en
1809, le léger cheval du même pays. Ce cheval existait
encore en 1835.

Il y a des personnes qui prétendent que l'élevage

(1) Visite de Napoléon au haras de Pau.
(2) Houel. *Histoire du Cheval.*

du cheval limousin, marchois ou auvergnat, coûte peu, qu'il vit dans le domaine sans y dépenser, que la vente est un produit réel et net pour l'éleveur.

C'est une erreur. Là où on élève un cheval on pourrait tenir une vache de plus. Depuis que le commerce des bêtes bovines a pris une grande extension, que le prix de la viande a monté à un prix élevé, l'éleveur aime mieux faire des bœufs, des vaches, des mulets, que d'élever des chevaux.

D'abord, les soins qu'ils réclament pour arriver à bien sont plus grands que pour les autres animaux ; et si on veut faire prendre à son cheval une taille et une force convenables, l'herbe de la prairie n'est pas toujours suffisante. D'un autre côté, les accidents sont plus fréquents. Un bœuf boiteux peut s'engraisser, se vendre à la boucherie, et le propriétaire ne perd que peu sur la valeur réelle ; un cheval estropié n'est plus bon à rien. On le vend pour la peau.

Cette concurrence sérieuse ne peut être combattue que par un prix supérieur.

En industrie, en agriculture, il faut tout calculer, le prix de revient et celui de la vente.

Le cheval de dragons, de cuirassiers, d'artillerie, du train des équipages, est élevé dans des pays de grande culture, où il se trouve être un des agents principaux de cette agriculture. A deux ans, il commence à travailler; à trois, il gagne sa nourriture.

17

Jusqu'au moment où il est vendu, il ne coûte rien à l'éleveur, puisque son travail compense sa dépense.

Il n'y a donc, en cette circonstance, qu'à mettre en compte les deux premières années, et encore faut-il diminuer les six ou sept mois où le poulain est allaité par la mère, qui, elle aussi, à l'exception d'une quinzaine de jours, ne cesse de travailler.

Il n'en est pas de même du cheval de cavalerie légère. Il ne travaille point, il ne peut pas travailler à cause de sa nature irritable, de son sang ; il coûte à son éleveur.

Ce sont les bœufs, les vaches, les mulets, qui sont les agents de l'agriculture en Limousin, en Marche, en Auvergne. Le cheval n'y est pour rien. Jusqu'à l'âge de quatre ans, époque où il est vendu, il n'a rien rapporté à son maître.

A tout cela, il faut ajouter les pertes, c'est-à-dire les animaux défectueux, ceux qui ne réussissent pas. Il faut tenir compte de tout dans un commerce pour savoir s'il est florissant ou défectueux.

Le cheval de cavalerie légère doit donc être payé aussi cher que celui de grosse cavalerie, puisque l'un gagne une partie de sa vie, et que l'autre arrive à l'époque de la vente, sans avoir rien rapporté au propriétaire.

Il y a eu, depuis quelques années, une augmentation dans les prix de la cavalerie légère, mais il faut bien l'avouer, elle n'est pas suffisante pour indemniser les éleveurs, et surtout les encourager à une production plus abondante.

Nombre d'auteurs ont écrit sur les remontes militaires et sur les haras. Celui qui, à coup sûr, a développé le système le plus complet, est le général comte de la Roche-Aymon. Il propose toute une organisation. Il veut que le ministre de la guerre devienne un grand éleveur, qu'il achète des poulains au sevrage, pour faire terminer leur éducation dans des dépôts créés à cet effet.

Monsieur le comte de la Roche-Aymon, qui avait servi en Autriche, avait vu fonctionner sous ses yeux les haras militaires de ce pays, et il voulait faire appliquer ce système en France. Nous croyons qu'au lieu d'avoir eu recours à des dépôts de poulains, comme il le désirait, le gouvernement de cette époque a sagement agi en continuant de s'adresser aux propriétaires du sol pour la fourniture de ses chevaux, au moyen de ses dépôts de remonte.

Le gouvernement a toujours raison de faire appel à l'industrie privée pour ses fournitures. Elles lui coûtent moins cher et il reçoit meilleur. C'est tout simplement une question d'argent et de surveillance sérieuse.

Toutes les fois que l'Etat établira un achat régulier, à des prix rémunérateurs, il sera bien servi et à meilleur marché que de le faire par lui-même.

Jamais l'Etat ne pourra lutter d'économie avec les éleveurs. L'intérêt particulier enfante des merveilles lorsqu'il est excité, et il est donc utile, profitable, d'offrir aux éleveurs des bénéfices certains.

Si nos contrées ne produisent plus autant et aussi bon qu'autrefois, c'est que la consommation n'est plus aussi grande, que les prix même ne sont pas aussi élevés, proportion gardée à ce temps, que le commerce des mulets, des bœufs, des vaches est plus avantageux et plus sûr.

De plus, il faut bien le dire, la division de la propriété en fait augmenter la valeur, les parcours étendus qu'il faut pour élever des chevaux et que l'on possédait autrefois n'existent plus, le prix de revient augmente et cette branche d'industrie n'a plus la vogue du temps passé.

Si donc, on veut lui rendre cette prospérité, si utile à notre pays, il faut faire des sacrifices, dont on sera bien vite rémunéré. Il faut penser à l'avenir, songer à des guerres possibles et prendre toutes les précautions convenables pour avoir, sur notre sol, toutes les remontes pour notre cavalerie.

La cavalerie est dans une armée une chose indispensable, et pour ne prendre qu'un exemple :

Quel n'eut pas été le résultat de la bataille de Bautzen, si l'empereur avait eu à sa disposition une cavalerie nombreuse et bien montée ?

Il y a d'autres causes à la diminution de l'élevage

du cheval de selle, ce sont les créations nombreuses
de routes et de chemins, qui permettent maintenant
de se servir de voitures au lieu de monter à cheval
comme autrefois.

Le défrichement d'une grande étendue de pâturages communaux ou privés, de forêts, a rendu dans
nos pays l'élevage plus difficile et plus onéreux.

Il y a enfin une raison péremptoire, pour laquelle
l'élevage est souvent négligé dans nos contrées,
c'est le manque de capitaux. Le paysan, quoique
beaucoup plus à l'aise qu'autrefois, n'a pas toujours
l'argent suffisant pour faire les avances que néces-
site un élevage de chevaux bien entendu.

Depuis la révolution de 1790, les achats de chevaux de cavalerie ont eu lieu au moyen de traités
avec des marchands ou par des réquisitions forcées.

La Restauration, qui fut une époque de repos et
de tranquillité, fit étudier à fond cette question, et il
fut décidé que l'on établirait des dépôts de remontes, où des officiers capables seraient chargés d'ex-
plorer les contrées d'élevage et de faire les acquisitions réclamées et ordonnées par Son Excellence le
ministre de la guerre. Il fut donc établi, pour les
anciennes provinces du Limousin, de la Marche,
du pays de Combrailles et de l'Auvergne, deux dépôts: l'un à Aurillac, pour le Cantal, le Puy-de-
Dôme et la Corrèze; l'autre à Guéret, pour la Creuse
et la Haute-Vienne. Il n'est pas inutile ici de placer

le prix des chevaux de cavalerie de 1790 à 1879. On pourra comparer ainsi l'achat de la grosse cavalerie et ceux de la cavalerie légère.

Prix moyens des Chevaux de 1790 à 1837.

Carabiniers	600 fr.
Cuirassiers	550
Dragons	487
Chasseurs et Hussards	424

Prix de 1837 à 1840.

Carabiniers et Cuirassiers	750 fr.
Dragons et Lanciers	550
Choix de Saumur	533
Artillerie selle	500
Chasseurs, Hussards, Artillerie . . .	480
Train.	470

Prix de 1840 à 1861.

Réserve	900 fr.
Ligne et Artillerie	750
Légère et Train	650

Prix de 1861 à 1866.

CHEVAL DE TÊTE POUR TOUTES LES ARMES.

Garde Impériale. Ligne.

CHEVAUX DE TROUPE.

	Garde impériale	Ligne
Réserve.	850 fr.	800 fr.
Ligne et Artillerie selle . .	750	650

	Garde impériale	Ligne
Légère	»	550 fr.
Artillerie trait et Train . .	650	550

De 1866 à 1874.

	Garde impériale	Ligne
Manège Saumur	1.200 fr.	1.500 fr.
De Tête	900	1.000
Réserve	800	850
Ligne	750	780
Légère	650	680
Artillerie	700	750

De 1874 à 1875.

Chevaux de tête, prix moyens . . .	1.200 fr.
— de manège	1.700
— de légère	800
— d'artillerie	1.000

De 1875 à 1878.

Chevaux de tête, prix moyens . . .	1.300 fr.
— de manège	1.800 fr.
— de légère	900
— d'artillerie	1.000

1879.

TÊTE.

Réserve	1.360 fr.
Ligne	1.250
Légère	1.120

TROUPE.

Réserve	1.120 fr.
Ligne	1.060
Légère.	870
Artillerie selle	950
Artillerie trait.	870 (1)

Avant la révolution, le prix des chevaux de remonte était de 400 livres; ceux de luxe, de 800 à 2.000 livres (2).

(1) Ces renseignements nous ont été fournis par le commandant La Roche, du dépôt de Guéret.

(2) Extrait des archives de Limoges.

CHAPITRE XXVI.

INDUSTRIE PRIVÉE EN FRANCE ET EN ANGLETERRE.
PRIX DES ÉTALONS.

On s'est plu souvent, en France, il y a déjà longtemps et encore de nos jours, à vouloir faire, dans
ce pays, ce qui a lieu en Angleterre. Des gens
d'esprit ont pensé et écrit, que puisqu'il n'y avait pas
d'administration des haras en Angleterre et qu'on y
faisait de bons chevaux, la France n'avait pas besoin
d'entretenir un personnel considérable, de dépenser
des millions, qu'il fallait tout laisser à la liberté de
l'industrie particulière. Ils vous disent : tout ce que
l'Etat fait par lui-même lui coûte toujours beaucoup
plus cher qu'aux particuliers. D'un autre côté, les
chevaux de trait, d'omnibus, ceux du roulage, de
l'agriculture, sont faits par l'industrie privée avec un
réel succès. C'est elle qui généralement fournit la
poulinière et l'étalon.

Le fait est vrai. Mais pour élever un gros cheval,

commun, il n'y a pas la dépense considérable qui est nécessaire à l'élevage d'un cheval de race. La jument de trait coûte beaucoup moins à acquérir, elle travaille jusqu'au dernier mois de la gestation et ne perd guère de temps pendant l'allaitement. Elle travaille toujours, gagne sa vie. L'étalon qui la féconde est aussi d'un prix bien moindre que celui de race, et à part les quatre mois qu'il est employé à la monte, tout le reste de l'année il travaille aux charrois, aux labours, et au lieu d'être une dépense il est un profit pour son maître. Le poulain commence à travailler à dix-huit mois ; il est bien nourri, il mange de l'avoine, il a des soins chez les gens intelligents, il se fait peu à peu à des travaux plus durs et il arrive ainsi à sa quatrième année en ayant, par ses services, soldé sa nourriture.

Mais le cheval de race, l'étalon supérieur, qui possède origine, sang, noblesse, ce n'est plus cela, il coûte beaucoup d'argent.

Nous allons citer quelques prix de chevaux arabes et anglais achetés par la France.

Garry-Owen, 12 ans	12.000 fr.
Tahéritor, 18 ans	5.000
Commodore-Napier.	15.000
Volcano, 3 ans	15.000
Schylock, 4 ans.	7.500
Mustachio	18.000
Capitaine Candid	18.000

Brocardo	18.000
Napoléon	45.000
Gladiator	60.000
Physician	75.000
Prix d'un cheval arabe, 500 l. sterling	12.500
Prix d'un cheval arabe, 1.250 l.sterling	31.250

Y a-t-il beaucoup de propriétaires dans nos pays, capables d'acheter des étalons de ce prix? Evidemment non. Non-seulement il faut en faire l'achat, mais il faut le nourrir, avoir un homme pour le soigner, supporter les chances de pertes.

L'industrie privée en France est incapable, dans le midi et le centre, de pourvoir, par elle-même, à la fourniture des étalons de race.

On ne peut pas avoir un de ces animaux à moins de 8 à 10,000 fr. C'est un argent avancé dont il faut compter les intérêts à dix pour cent au moins, car le cheval, ne faisant guère en moyenne que huit à dix ans de service, arrive à un moment de sa vie où il a perdu une grande partie de sa valeur. En parlant du prix de 8 à 10,000 francs, je ne prends qu'une très-petite moyenne, car on a vu figurer dans les chevaux achetés en Angleterre par la France, des prix qui s'élèvent jusqu'à 75,000 francs.

Il faut bien, en outre, faire compte de sa dépense annuelle, de ce que coûte un homme qui le soigne, la ferrure, le vétérinaire, le logement de l'homme et de l'étalon.

Qu'aura-t-on à diminuer ? La prime donnée par le gouvernement, le produit des saillies et la vente du fumier. Non-seulement il n'y a pas de profit à en retirer, mais, au contraire, une dépense sèche à payer. Il n'y a pas beaucoup de gens désireux de se charger de pareille affaire.

Depuis quarante ans, il n'y a pas eu en Limousin, Marche et Auvergne, plus de vingt étalons ayant appartenu à des particuliers ; ils s'en sont bientôt lassés, les ont gardés trois ou quatre ans, et puis vendus. L'administration des haras était donc nécessaire, indispensable, dans nos contrées; car, sans elle, on n'y ferait pas de chevaux, ou, si on en faisait, ils seraient mauvais. Du reste, quoiqu'on ait dit, elle ne fait point de concurrence à l'industrie privée, elle la soutient, elle l'encourage, et elle se retire toujours devant elle lorsqu'elle voit, avec certitude, que son intervention n'est plus ni utile ni nécessaire.

Lorsqu'il y avait en France une aristocratie riche, puissante, l'administration n'existait pas, n'avait pas besoin d'exister. C'est précisément la destruction des grands tenanciers du sol qui a forcé le gouvernement à créer des haras.

En Angleterre, l'état social est tout autre qu'en France : d'immenses fortunes, un goût prononcé pour l'élevage des chevaux, par conséquent une industrie particulière qui opère avec succès, sans l'appui et le secours du gouvernement. Cette industrie y est en outre protégée par la richesse et le luxe des grands, par l'aisance des fermiers, par les besoins nombreux d'un peuple isolé des autres nations, qui doit se suffire à lui-même, et enfin par l'activité d'un commerce qui n'a pas d'égal dans le monde.

Pour ne citer qu'un exemple de ce qui se passe en Angleterre, nous dirons que lord Grosvenor dépensait, en 1835, pour son haras, cinq millions de francs, plus que le gouvernement français pour les siens. Il est donc, après cela, facile de juger et d'apprécier.

CHAPITRE XXVII.

COURSES DE CHEVAUX.
LEUR UTILITÉ DIRIGÉE DANS UN BUT AMÉLIORATEUR.
COURSES ANCIENNES EN FRANCE, BRETAGNE,
ET SEMUR EN BOURGOGNE.

Dans l'antiquité, en Grèce et à Rome, il existait des courses de chars. Les chevaux étaient attelés à un quadrige, par deux ou quatre de front. On les lançait dans l'arène à toute vitesse, et lorsqu'ils arrivaient au bout de la carrière, ils y rencontraient une borne qu'ils étaient obligés de tourner en la rasant de très-près. Dans ce travail, le cheval de droite devait augmenter son allure et celui de gauche la ralentir. L'exécution de ce mouvement était fort difficile et demandait une adresse tout à fait supérieure.

Horace, dans ses Odes, fait allusion à cette habitude lorsqu'il dit : « Il y en a qui aiment à conduire un char dans la carrière olympique et mettre tous leurs soins à éviter la borne. » (1)

Ces courses servaient à éprouver la vitesse, le fonds des chevaux et surtout l'adresse des conducteurs. On faisait à cette époque des épreuves, non-seulement dans les lieux publics, mais aussi sur les grands chemins, en prenant, par exemple, pour point d'arrivée, l'entrée de la ville voisine, ou tel autre lieu indiqué. (2)

Le prix de ces sortes de chevaux était fort élevé. Les auteurs nous apprennent qu'ils coûtaient jusqu'à deux cent mille sexterces, soit 40,000 fr. de notre monnaie.

Quant aux courses de chevaux montés, elles eurent lieu bien plus tard et ne furent établies qu'en la 28e olympiade, c'est-à-dire 668 ans avant Jésus-Christ.

A Rome, les jeunes praticiens s'adonnèrent avec passion aux luttes et aux exercices hippiques.

Au milieu de toutes les invasions des barbares, ces jeux qui s'étaient répandus en Gaule sous les Romains disparurent.

Néanmoins, nous parlerons, dans un aperçu rapide, des courses de Bretagne et de Semur, en Bourgogne, avant d'aborder celles de nos jours.

Les courses, les essais, les épreuves pour le fonds et la vitesse, sont, en Bretagne, aussi anciennes que les Bretons eux-mêmes. Nous en trouvons les indications dans les vieux tabliaux.

(1) Odes d'Horace.
(2) Homère, traduction de M. Dacier.

Nous citerons à l'appui de ce que nous avançons un extrait de la traduction de la Villemarqué, dans les poëmes bretons:

Il a équipé son poulain rouge, il l'a ferré d'acier ;
Il l'a bridé et lui a jeté sur le dos une housse légère ;
Il lui a attaché un anneau au col et un ruban à la queue;
Et il l'a monté et est arrivé à la fête nouvelle ;
Comme il arrivait, au champ de fête les courses sonnaient;
La foule était pressée et tous les chevaux bondissaient;
Celui qui aura franchi la grande barrière du champ de
    fête au galop ;
En un bond vif, franc et parfait, aura pour épouse la
    fille du roi ;
A ces mots, son jeune poulain bai, hennit à tue-tête ;
Bondit et s'emporta et souffla du feu par les naseaux ;
Et jeta des éclairs par les yeux et frappa du pied la terre;
Et tous les autres étaient dépassés et la barrière fran-
    chie d'un bond ;
Sire, vous l'avez juré, votre fille Lenor doit m'appar-
    tenir.

Cette Lenor était sans doute Alienor, fille de Badick, chef des Bretons d'Armorique, qui mourut en 509.

Maintenant les prix des courses sont plus modestes, ce ne sont plus des filles de rois.

Les courses ont été, de tout temps, dans les mœurs et les habitudes de la Bretagne. A toutes les époques de la vie de ce peuple, il y a eu un besoin irrésistible d'établir des luttes, d'essayer la valeur et le fonds de ses chevaux.

18

Le Breton,comme l'Arabe, chérit son cheval à l'égal de sa femme et de ses enfants. Il n'y a souvent pas de pain à la maison, la misère y est cruelle , mais il portera tout de même l'avoine à son cheval.

En Limousin, en Marche, en Auvergne, nous ne retrouvons pas de titres, de documents qui puissent nous indiquer des courses établies. Mais il faut se reporter aux habitudes, aux mœurs des peuples, et nous sommes certains que plus d'une lande de nos contrées a été témoin de luttes pareilles. Au moyen âge, on ne possédait pas de pistes comme dans les jeux olympiques, comme dans ceux de Rome; on n'avait pas d'hippodrome comme de nos jours.

On allait dans une lande, on désignait un but et on courait dans la plaine, dans les guérets, dans les rochers, à qui arriverait le premier. C'était l'enfance de l'art. On faisait comme font aujourd'hui les Arabes, on éprouvait les animaux par des voyages de deux cents et de deux cent cinquante lieues.

Les courses de Semur, en Bourgogne, sont fort anciennes. Ce fut vers 1370, sous le règne de Charles V, qu'elles firent leur apparition. Ce ne fut d'abord que des exercices à pied, qui furent remplacés plus tard, en 1556, par de véritables courses à cheval.

Le prix consistait en une paire de chausses et de bas tricottés, ce qui était à cette époque une véritable rareté, car on ne portait que des bas cousus. (1)

Ces essais coûtaient à la ville, en 1556, 3 livres 13 sols, pour les chausses cousues, le lendemain de la Pentecôte, *pour attirer le peuple à l'advenir à amener bestail et denrées en marché et améliorer la ville.*

En 1639, on changea les chausses et les bas pour une écharpe en taffetas. En 1651, de nouvelles modifications se produisirent, le premier reçut une bague en or d'une valeur de 16 livres, frappée aux armes de la ville; le second, une écharpe en taffetas à frange d'or; et le troisième une paire de gants. (2)

Le seigneur de Chevigny, qui demeurait au château de ce nom, près Semur, institua aussi à cette époque une course de chevaux, qui avait lieu sur la chaume aux Museaux, proche de la Chapelle de Saint-Lazare de Semur.

Nous trouvons dans Courtepée, *Description du duché de Bourgogne,* la mention suivante :

« Le mardi après le dimanche de la Trinité, tous « les propriétaires des vignes, au climat de Montliban, « doivent, à peine de trois livres cinq sols d'amende, se « rendre au château de Chevigny, à cheval, bottés, « éperonnés, la lance sur la cuisse, d'où après un déjeû-

(1) Extraits de Courtepée, *Histoire du duché de Bourgogne.*

(2) Extraits de Courtepée. *Histoire du duché de Bourgogne.*

« ner dû, composé d'une tranche de jambon et de plu-
« sieurs verres de vin, avec un picotin d'avoine pour
« le cheval, ils conduisent le seigneur au lieu de
« la course. »

Le greffier donne acte de comparution et défaut
contre les absents.

La course a lieu.

Le premier qui arrive au but reçoit une paire de
gants, les autres des rubans, aux frais du seigneur.

Les courses de Semur, toutes simples et primitives
qu'elles étaient, donnaient un vif encouragement
et une grande émulation à cette époque, où l'on faisait passer le renom, la gloire, avant l'argent. La
révolution a tout emporté. Les premiers qui régula-
risèrent ces courses, ces essais, ces épreuves, furent
les Anglais. Leur esprit méthodique, calculateur,
les porta de suite à construire des hippodromes
pour les courses de chevaux.

Les ouvrages anglais nous apprennent que ces
courses remontent, dans ce pays, au règne de
Henri II, de 1154 à 1189. Edouard III aima beaucoup les chevaux, mais ce n'est que sous Jacques I",
de 1603 à 1625, que de véritables hippodromes furent créés.

Le malheureux Charles I" était aussi un grand
amateur de courses.

Cromwel, quoique farouche républicain, s'occupa

également des chevaux et il en possédait de fort remarquables.

Après la restauration, de 1649 à 1685, Charles II,
qui protégeait tous les goûts de la noblesse anglaise
pour les amusements hippiques, établit des courses
à Newmark et à Hyde-Park. Ce monarque fonda
même un prix d'un objet d'art d'une valeur de cent
livres sterling. Jusqu'à cette époque, le vainqueur
n'avait reçu pour récompense qu'une petite clochette
d'argent.

Depuis cette époque, tous les rois en Angleterre
ont aimé et protégé les courses.

Ces luttes, inconnues en France, s'y introduisi-
rent en 1776. Les essais eurent lieu dans la plaine
des Sablons, entre des chevaux anglais, appartenant
au duc de Chartres, au marquis de Conflans, au
comte d'Artois, au prince de Nassau et au prince de
Guernessée.

L'anglomanie pénétrait en France.

Sous l'infortuné Louis XVI, des luttes eurent
lieu assez souvent à Vincennes et à Fontainebleau.

La république ne s'en occupa pas.

Ce ne fut que sous le règne de Napoléon Ier, de
glorieuse mémoire, que les courses de chevaux furent
instituées en France. L'Etat fonda des prix, qui furent
disputés, à époques fixes, sur différents points de
l'Empire. Ce grand Empereur, dont le génie étonnant
lui permettait de tout deviner, comprit bien vite

que les courses étaient, en réalité, le seul moyen de se rendre un compte exact de la valeur et du fonds des chevaux.

Les courses sont, pour tous les esprits sérieux, le seul moyen d'éprouver le fonds et la vigueur des animaux. Autrefois, que l'équitation se servait d'airs plus relevés, plus raccourcis, les épreuves avaient lieu dans l'exécution répétée des figures de manège; aujourd'hui, tout est changé, on demande aux animaux des allures plus allongées et plus rapides.

Presque tous les auteurs, Solleysel, le Boucher de Crosco, Bourgelat, Lafont-Pouloti, Preséau de Dompierre, etc., sont partisans des courses, ils ne diffèrent que dans l'application et il y a effectivement façon d'envisager la question sous plusieurs points de vue.

Lorsque les courses furent régulières en Angleterre, on fixa la longueur du parcours.

C'était l'époque où les chevaux anglais faisaient leur réputation. La carrière avait donc quatre milles de long (6,836"), et les animaux portaient un poids variant de 65 à 72 kilos. Le cheval ne paraissait à cette époque, sur l'hippodrome, qu'à cinq ans, au moment où il était dans sa force, dans sa vigueur.

Il était possible, dans de pareilles conditions, d'exiger de lui, avec une vitesse grande, un travail plus fort et plus soutenu. Lorsque l'on examine de près les portraits des étalons anglais du siècle dernier, on remarque qu'ils sont plus puissants, plus forts, plus réguliers que ceux d'aujourd'hui. Fliyng-Childers, qui naquit en 1715, ne courut qu'en 1721, à l'âge de six ans. Il parcourut sur l'hippodrome de Newmarket 6764ᵐ en 7 minutes, et une autre fois, 6.129ᵐ en 6 minutes 42 secondes.

La régularité de ses formes était admirable, la solidité de sa charpente parfaite, sa membrure large, nette et bien articulée. Il était fils du fameux Godolphin-Arabian.

Matchem, autre étalon anglais, petit-fils aussi de Godolphin, possédait une grande perfection, jointe à la plus forte puissance. Un jour qu'il courut en partie liée contre d'autres chevaux, sur un parcours de 6,220ᵐ, il arriva au but, dans la première manche, en 7 minutes 35 secondes ; dans la seconde, en 7 minutes 40 secondes ; et dans la troisième, en 8 minutes 5 secondes. C'est donc un parcours total de 18,660 mètres en 22 minutes, avec un repos de moins de une heure. Passons à King-Hérod né en 1762. Il courut en 1767 aussi, comme les précédents à cinq ans. Il dénotait dans sa construction une puissance et une énergie considérables, sa taille élevée était proportionnée dans toutes ses parties, sa conformation générale était admirable.

Nous arrivons au fameux Eclipse, ce *mâle des mâles*, le roi des coureurs, le cheval le plus étonnant qu'ait possédé l'Angleterre. Il naquit le 5 avril 1764, et ne courut qu'à cinq ans. Il fut toujours vainqueur. Jamais aucun cheval n'eut la moindre chance de le battre. Il appartenait au colonel O'Kelly. Ses descendants furent nombreux et cette lignée prodigieuse enrichit la grande Bretagne d'étalons et de juments précieuses.

Eclipse avait une taille plus élevée que les premières productions d'étalons et de juments arabes importés en Angleterre ; mais toute sa conformation était d'une régularité parfaite, jointe à une puissance remarquable ; son corps était robuste, sa poitrine large, ses poumons puissants, ses membres bien conformés et larges.

A cette époque, on était, à juste titre, très-sévère pour le choix des reproducteurs, et tout cheval qui ne possédait pas un développement de muscles suffisant, était rejeté de la reproduction.

Depuis ce temps, les gros prix, la fureur du jeu, ont changé l'amélioration véritable en une question de gain et d'industrie.

On est arrivé à faire courir des poulains de 2 et de 3 ans, par ce motif que l'élevage du cheval de course et très-onéreux et qu'il faut rentrer le plus vite possible dans ses déboursés ; et, d'un autre côté, que les animaux, étant dès leur naissance, nourris avec une très-grande abondance, acquièrent beaucoup plus jeunes, une force, une taille et une vigueur qui ne s'obtiennent que plus tard, d'après les règles de la nature.

Il est vrai que la façon dont sont nourris les poulains destinés aux courses avance leur développement ; mais elle ne leur donne pas pour cela la résistance, le fonds, la dureté au travail, nécessaires à supporter des fatigues longues et journalières.

Les courses de deux ans usent le poulain avant qu'il n'ait atteint toute sa croissance, tout son développement, créent des maladies, abrègent la durée de sa vie, affectent la race en détruisant le germe de sa vigueur. (1)

Avec les courses telles qu'elles sont organisées, on ne trouve plus les beaux étalons d'autrefois, qui réunissaient en eux un sang précieux et une conformation d'une pureté et d'une régularité admirables.

En diminuant l'âge et le parcours, on a demandé plus de vitesse. Que s'est-il produit ? On a créé des êtres qui ne sont bons qu'à courir sur une piste unie et régulière. Le squelette s'est allongé aux dépens de la constitution ; les membres sont devenus longs et moins forts, les flancs se sont aplatis.

A coup sûr, le cheval de course de notre temps donne encore des preuves d'une grande vigueur en parcourant aussi vite qu'il le fait nos hippodromes. Mais, n'est-il pas permis de le dire, qu'en le comparant aux chevaux du siècle dernier, sa force et plus

(1) David Low.

factice que réelle, et qu'il ne serait plus capable de soutenir aussi facilement les luttes que ses ancêtres supportaient si bien.

N'a-t-on pas vu Château-Margaux, Mortgage, Lamplitgher, tomber presque morts dans la course de quatre milles (Beacon-Course) ? Les courses faites sur un long parcours sont seules capables de nous donner des animaux comme ceux du temps passé, qui ont laissé derrière eux une réputation incontestable de puissance, unie à une conformation irréprochable et à une grande vitesse.

Les courses de Tulle furent les premières inaugurées en Limousin. Elles furent instituées par décret du 31 août 1805. Elles ne commencèrent qu'en 1808 et cessèrent d'exister en 1825. Ce chef-lieu de courses fut réuni tout simplement à celui de Limoges.

Les courses de Limoges datent du 27 mars 1820. Elles faisaient partie du deuxième arrondissement et étaient de premier ordre.

On y a toujours vu des produits de grand mérite et de haute valeur, ayant un cachet tout particulier à cette province. L'époque choisie est celle de la foire de la St-Loup, au mois de mai. C'est au lieu de Teissoneyras qu'est situé l'hippodrome.

Au début de cette création, c'étaient des animaux de race limousine croisés, soit par le pur sang arabe, soit par l'anglais, qui se disputaient les prix.

C'étaient la fameuse *Vesta*, fille de Bijou, appartenant à monsieur le baron de Labastide (1) ; *Favori*,
fils d'Alheby, arabe, à monsieur de Rouëlhac ; *Néron*
par Furet, limousin, à monsieur le comte de Vanteaux;
Pilote, par Alheby, au comte de Royères; *Babiole*, à
monsieur de Bonnefonds, etc......

Mais bientôt la division entre le nord et le midi
ayant été supprimée, les chevaux du Limousin et de l'Auvergne furent bientôt distancés par les nouveaux
concurrents, et les courses de cette province n'eurent
plus la physionomie qu'elles possédaient.

Ce fut au mois d'août 1837 qu'eurent lieu les
premières courses de Pompadour. Pompadour, c'est
le véritable chef-lieu de la division entière, c'est
l'élément vital du Limousin, du centre de la France,
par rapport à l'industrie chevaline, à laquelle elle
donne une incomparable assistance ; c'est la tête, c'est
le cœur, d'où sort tout ce qui se fait dans cette
province et dans les voisines pour l'élevage des
chevaux. Pompadour est un lieu unique, renfermant
un hippodrome, un haras, un élevage nombreux et
bien dirigé, de vertes et vastes prairies, des bois
superbes.

Le temps y passe vite pour l'homme de cheval
qui peut y faire des études sérieuses et complètes.

(1) Vesta est née chez le marquis de la Celle, au château
d'Ajain, près Guéret.

Le département du Cantal essaya par lui-même, en 1813, d'établir des courses de chevaux, mais ce ne fut que le 27 mars 1820 qu'elles furent créées définitivement par l'Etat. Elles n'eurent pas d'abord le même succès que celles de Limoges, mais elles fournirent néanmoins des chevaux d'un grand fonds, de vrais montagnards, qui étaient les élèves de messieurs Fortet, de Lacan, de Faulat, de Bernis, de Mazic, de Murat, et autres. Pendant un certain nombre d'années, ce fut l'arabe *Obyou* qui eut la plus grande vogue pour créer des coureurs. Plus encore qu'en Limousin, la démarcation du nord et du midi étant enlevée, les courses d'Auvergne furent perdues. Les Anglais remplacèrent donc les produits du pays et emportèrent tous les prix. Aurillac, depuis bien des années, ne voit plus sur son hippodrome que des purs sang anglais.

CHAPITRE XXVIII.

DU CLIMAT, DU SOL, DE LA NOURRITURE ET DES TRAVAUX AUXQUELS LE CHEVAL EST ASSUJETTI.

Les animaux sont les produits du sol, du climat et de la nourriture. Dans chaque contrée, la nature, toujours prévoyante, leur imprime son cachet. Elle procède avec une admirable sagesse et proportionne les êtres aux localités qu'ils habitent.

Le cheval des plaines est grand, massif, sa peau est épaisse, ses jambes, ses pieds sont larges et chargés de poils, les crins de la crinière et de la queue sont gros, sa démarche est lente. Dans les montagnes au contraire, le cheval est léger, actif, vigoureux, leste, sa taille est moyenne et souvent petite, il n'a pas de poils aux jambes, sa crinière et sa queue sont soyeuses. Il en est de l'homme comme des animaux, celui qui habite la Normandie est de taille élevée, sa constitution est puissante; tandis que celui

du Limousin est généralement petit, ce qui n'em-
pêche pas sa vigueur et sa dureté au travail.

Le climat exerce une grande influence sur la
forme et la nature des animaux. Il agit directement,
par la localité, le calorique, la lumière et l'électricité.
Indirectement, par les aliments, les boissons, la
nature du sol, sa pente et son altitude. L'action du calorique s'exerce à la fois sur les plantes, sur le sol et par cela
même sur les animaux. La chaleur augmente la sensibilité des organes et, diminuant l'humidité, imprime aux
chevaux une grande vigueur. En outre, elle donne
aux plantes une finesse et un arôme qui resserf et
fortifie la fibre. La nourriture joue également un
grand rôle sur la taille et le volume des animaux.
Si les herbes, les plantes, sont venues dans des terrains
secs, elles renferment sous un moindre volume des
matières alibiles plus nourrissantes et plus fortes ;
si, au contraire, elles naissent dans des terrains gras,
humides, tout en ayant plus de grosseur, elles possèdent moins d'aliments nutritifs. Les eaux limpides,
claires, qui coulent sur le sable ou sur le granit, sont
plus fraîches, plus pures, plus fortifiantes que
celles qui coulent avec peine dans des terrains fan-
geux. Lorsque le sol est incliné, que les eaux ont
un écoulement facile, les plantes y sont sans doute
plus rares, mais leur qualité est tout à fait supérieure. Le sol influe, en outre, beaucoup sur le pied
des chevaux, qui est petit dans les chevaux de

montagnes et large dans ceux des lieux humides, comme en Hollande.

La conformation générale du cheval subit aussi une certaine modification dans les aplombs, soit qu'il soit élevé dans des terrains unis ou sur des pentes rapides. Ainsi, dans les montagnes, l'arrière-main travaillant beaucoup, on y rencontre souvent des animaux panards. L'énergie qu'ils sont obligés de déployer dans les côtes abruptes, pour marcher ou pour courir, donne aux membres une grande force et une parfaite souplesse dans les allures. Tous les lieux élevés sont très-favorables à l'élève du cheval, ils épurent son sang, condensent ses os et ses muscles, endurcissent ses pieds. Le travail auquel on assujettit un animal finit aussi, à la longue, par le modifier dans certaines de ses parties, mais à coup sûr ce qui le change le plus vite, ce sont les soins intelligents et continus de l'homme.

Il y a tel ou tel comté de l'Angleterre que je pourrais citer, qui avait, il y a un siècle, une population malingre, petite, défectueuse, qui aujourd'hui ne renferme que des hommes forts et vigoureux. Ce changement a eu lieu peu à peu, au moyen d'habitations plus salubres, de travaux d'assainissement, d'une nourriture plus abondante et de certains soins hygiéniques. Le sol est donc le *père nourricier des hommes et des animaux*. Les races en sont l'expression, et lorsque rien ne vient les modifier, elles restent pendant des siècles stationnaires, conservant leurs défauts et leurs qualités, qui sont une partie inhérente d'elles-mêmes.

Mais tout se modifie, tout se change sous la main de l'homme habile et industrieux. Aussi on peut dire avec raison : « Tant vaut l'éleveur, tant vaut « le cheval. »

CHAPITRE XXIX

ACHAT DE POULAINS.
LES ÉTALONS PRIS DANS LA RACE ELLE-MÊME.

Autrefois, dans l'ancienne administration, on achetait des poulains de deux et trois ans pour en faire des étalons dans les provinces. Cette habitude fut prise peu d'années après la fondation du haras de Pompadour sous Louis XV. On se trouvait fort bien de ces acquisitions.

Les jeunes animaux étaient finis d'élever au haras où ils trouvaient une nourriture plus abondante et des soins plus judicieux. Ils étaient dressés et à l'âge de cinq ans ils devenaient étalons.

A cette époque on ne faisait pas saillir les chevaux jeunes ; néanmoins, il n'y a aucun inconvénient à les livrer à la reproduction dès les quatre ans révolus, comme cela a lieu de nos jours. On avait, dans ce temps, des idées autres que celles d'aujourd'hui sur la

19

fécondation, et on ne permettait pas à un cheval plus de vingt-cinq à trente juments par monte, tandis que maintenant on a beaucoup dépassé ce chiffre, on l'a même exagéré dans certaines circonstances. (1)

Il est toujours bon en cela de proportionner le nombre des juments avec la force, la vigueur et l'âge du reproducteur.

Sous l'Empire et la Restauration, on continua de suivre les mêmes errements. Ces achats de jeunes chevaux, qui sont toujours payés par l'administration un bon prix, donnent un grand encouragement aux éleveurs et les délivrent d'animaux qui sont toujours difficiles à amener à bien, jusqu'à l'âge de quatre ans, lorsque l'on ne possède pas les enclos et les bâtiments nécessaires.

Les poulains ainsi achetés étaient fils de juments appartenant à de vieilles familles qui avaient été, pendant plusieurs générations, croisées avec des étalons barbes ou arabes.

Il y a une chose que peu de gens savent, c'est qu'il existe en Limousin, Marche et Auvergne, des familles de poulinières d'un sang si ancien, que, quoique n'étant pas portées au Stud-Book, elles sont aussi bien de pur sang que les juments anglaises. Quand on songe combien il y a eu de sang d'Orient de versé

(1) Il ne s'agit pas de savoir combien un cheval a sailli de juments, mais bien combien il en a fécondé.

dans cette race depuis des siècles, on peut se figurer
facilement que leur origine est fort correcte. Il n'y a
donc rien d'étonnant que les descendants deviennent
de bons étalons et transmettent à leurs produits toutes
les qualités dont ils sont revêtus.

Nous n'en citerons qu'un exemple entre mille que
nous pourrions choisir.

Tancrède, étalon de race limousine pure, était né
en 1826, chez monsieur le comte de Vanteaux, éleveur
distingué, demeurant au château de St-Jean-de-
Ligourre. Il le vendit en mars 1828, à l'âge de deux
ans, à monsieur le comte de Bouy, alors agent-général
des remontes pour le midi. Ce poulain était très-fort
et il fut payé mille francs, prix fort élevé à cette
époque en Limousin. Dirigé sur Pompadour, son élevage y fut terminé dans les meilleures conditions.
Tancrède avait une origine parfaite. Il était fils de
limousin, de pure race limousine, dont le père était
Curde, cheval persan. Sa mère était de vieille race
limousine, fille d'arabe, dont la mère était Bernadine,
fille de Furet, limousin de pure race, qui, lui-même,
était fils d'Amilcar, cheval barbe, et d'une jument
d'ancienne race, nommée Vénus, fille d'une fille de
Bagdad, cheval arabe très-renommé.

Tancrède était un modèle. La régularité de ses
formes, la puissance de ses membres, la netteté de
toutes ses parties, sa distinction, la finesse de sa tête,
la beauté de son œil un peu à fleur de tête, en

faisaient un étalon splendide. Il s'est, du reste, très
bien reproduit.

Le Limousin est le berceau du cheval de sang. On y
trouvera toujours les types du plus haut mérite,
réunissant la vitesse, le fonds, la légéreté, à cette souplesse innée qui en fait l'animal le plus précieux pour
le manège et la cavalerie. Avec une nourriture saine,
variée, abondante, on fera, dans cette contrée, l'anglais
de pur sang avec une taille suffisante et de l'étoffe.
Mais, il faut bien le dire, l'étalon arabe ou celui du
pays sera encore longtemps le cheval du petit
propriétaire, parce qu'il se contente de peu; tandis
que l'anglais, plus exigeant, pourra être celui de l'homme riche.

A mesure que l'agriculture fait des progrès, les
moyens de mieux nourrir se développeront et la race
alors prendra plus de gros et de force.

. Pendant quelques années, on suspendit à tort ces
achats. Ils ont été repris il y a une quinzaine d'années,
grâce à l'initiative de monsieur de Fontrobert, directeur de Pompadour, et maintenant inspecteur général.
Ils sont continués avec fruits par son successeur, monsieur de Lagrange.

Nous devons rendre ici pleine justice à monsieur de
Fontrobert, qui a fait des choix remarquables dans la
Creuse, qui ont donné à l'administration des étalons
très-accrédités des éleveurs. Nous nommerons, parmi
eux : *Agreste, Aspic, Athos, Avenir, Amen, Athlète,*

Destin, Dartagnan, Espoir, Emule, Gaulois, Aviron, Arator, Argus, Caton, Dun, et tant d'autres.

Ces achats faits pour la plupart à des petits propriétaires, qui possédaient des juments bien tracées, ont donné un vif élan à la reproduction. Chacun a voulu profiter du prix rémunérateur que recevait son voisin, et un poulain largement payé en a fait élever vingt où, il y a trente ans, on ne trouvait rien.

Du reste, ces animaux réunissent à une taille très-convenable pour les juments qu'ils doivent féconder, une distinction, une puissance, une force de membres qui les fera toujours préférer, par les éleveurs, aux étalons légers et décousus.

CHAPITRE XXX.

DE LA RESSEMBLANCE DES DESCENDANTS AVEC LES ASCENDANTS, DES PÈRE ET MÈRE, GRAND-PÈRE ET GRAND'MÈRE.

Les descendants ressemblent souvent à leurs ascendants.

Il n'est pas étonnant de voir des types antérieurs se reproduire après plusieurs générations et renouveler ainsi un type déjà ancien. Ce fait a principalement lieu dans les familles dont l'origine est bonne, bien constatée, en un mot, qui datent de loin.

Généralement les femelles ressemblent au père et les mâles à la mère. On voit souvent des petits-fils et des petites-filles tenir de leurs aïeux, soit du côté paternel, soit du côté maternel.

Dans l'espèce chevaline, l'extérieur vient du père; l'intérieur, de la mère.

Il n'y a pourtant pas de règle sans exceptions.

Il en est de même dans la nature humaine: les filles, tiennent du père, et les fils, de la mère.

On peut, sur ce sujet, prendre un certain nombre de grands hommes et se convaincre que le fait avancé est une réalité.

La mère de César était une patricienne distinguée non-seulement par sa beauté, mais par l'élévation de son caractère, la finesse de son esprit, si bien cultivé et enrichi par l'étude des lettres grecques.

Blanche de Castille, mère de Saint-Louis, se faisait remarquer par sa calme énergie, son jugement droit et ferme et sa piété sans bornes.

Jeanne d'Albret, mère de notre roi Henri IV, si joyeux, si fin, si délié, était une princesse dont l'esprit politique, la vue en affaires, n'ont pas été étrangers à la grandeur de son fils.

Enfin, Lætitia Ramolino, mère de Napoléon Ier, joignait à une beauté sévère, un esprit ferme et juste, un caractère décidé, une âme supérieure et volontaire.

Ces ressemblances, ces analogies, ne doivent pas surprendre, lorsque l'on songe que la nature a ses secrets et que les plus habiles en profitent pour se guider, s'instruire dans la création des animaux et leur modification.

Les races semblables produisent toujours des êtres qui tiennent des caractères identiques du père et de la mère.

Il en est autrement lorsque l'on allie ensemble des animaux dissemblables. Ainsi, par exemple, si l'on unit à une jument de trait un cheval arabe, il naît un produit intermédiaire, qui reçoit une nouvelle direction, qui a plus de race, de distinction que la mère, mais moins que le père.

L'ancienneté de la race, la pureté, sont une des conditions essentielles de la bonne reproduction.

Les êtres dont l'origine est pure de tous mélanges avec d'autres races, transmettent avec certitude leurs qualités ou même leurs défauts.

Aussi, doit-on toujours rechercher les animaux les plus purs, pour en tirer race et lignée.

Les Arabes nous en donnent l'exemple en ne mésalliant pas leurs juments d'élite à des étalons inférieurs. Ils vont quelquefois chercher un mâle précieux à des distances très-éloignées, afin de maintenir, par une sélection bien entendue, une race déjà si valeureuse.

Les qualités se transmettent avec facilité dans les familles anciennes; elles s'y reproduisent avec constance et régularité. Aussi l'éleveur a-t-il toujours un avantage sérieux, bien entendu, à n'employer que des animaux choisis, élités, dont il connaît avec certitude l'origine.

Les Anglais suivent depuis deux cents ans cette méthode et ils en ont obtenu les meilleurs résultats.

Tous les hippologues distingués ont écrit en ce sens; il n'y a donc plus de doute à établir sur ce sujet.

Nos grands maîtres de haras , nos grands éleveurs du moyen âge, qui créaient de si nombreux chevaux, d'une qualité si supérieure, connaissaient par la pratique tous ces principes. Ils n'écrivaient point, mais ils exécutaient avec une rare perfection et ils appliquaient avec une grande sûreté toutes les véritables données de l'élevage. C'était par une sélection bien suivie, des croisements réitérés avec les étalons barbes surtout, qu'ils maintenaient à un haut degré de perfection, de valeur, les races du Limousin, de la Marche, de l'Auvergne et de la Navarre.

Il faut bien le dire, la source de la valeur du cheval est toujours dans son origine, et la famille d'où il sort est souvent la prophétie de sa vigueur et de sa destinée. Cet animal, dont tout le monde a besoin, est plus utile pendant sa vie, et le bœuf l'est plus après sa mort.

Tous les deux, agents agricoles ou nécessaires à nos plaisirs et à notre faste, méritent les soins les plus suivis et les plus attentifs. Ils sont une véritable richesse, une source de jouissances délicates.

Le gouvernement lui-même a un intérêt tout particulier à en surveiller, activer la production et l'élevage.

Nous finirons par une citation d'un vieil auteur :

Il n'y eut oncques animal plus aymable et utile aux grands et aux laboureurs que l'a esté encore le cheval.

VESTA

CHAPITRE XXXI.

CIRCONSCRIPTION DU HARAS DE POMPADOUR DE 1790
A 1878. — PORTRAIT DE VESTA.

Le haras de Pompadour est chargé de fournir les étalons nécessaires aux départements de la Haute-Vienne, de la Corrèze et de la Creuse. Jusqu'en 1850, il envoyait chaque année dans la Charente, les étalons utiles à la reproduction ; mais le dépôt de Saintes ayant été créé, il n'eut plus à s'occuper de cette contrée si étrangère au Limousin.

Ces trois divisions territoriales varient peu ; néanmoins, il existe des nuances qu'il est utile de faire remarquer.

Dans l'étendue de ces trois départements, il y a deux espèces de juments, celle que l'on nomme Limousine, qui est le produit véritable du sol avec les étalons de l'Etat ; et l'autre, moins nombreuse, qui est composée de juments de tous les pays, des Bretonnes, Berrichonnes, Normandes, Poitevines et Allemandes.

Cette dernière, quoique livrée aussi à la reproduction, n'a ni la valeur, ni les qualités de race de l'autre. Après plusieurs générations, elle finit par perdre ses caractères, se dépouiller de sa première enveloppe et elle arrive à avoir à peu près le cachet des chevaux de la contrée.

Le sol a cette influence puissante dans la Haute-Vienne sur les animaux, c'est qu'ils deviennent promptement, par les prairies, l'air, les eaux, le climat en général, des êtres semblables à ceux du pays même.

Le département de la Haute-Vienne possède les prairies les plus délicates, les plus fines pour l'élevage du cheval de sang ; c'est une contrée à part, une terre tout à fait privilégiée pour l'animal de noble extraction.

La qualité du sol donne aux membres une puissance considérable, aux tissus une énergie parfaite, et à toute la constitution, une force de résistance que l'on ne rencontre pas dans les chevaux des plaines.

La Haute-Vienne n'a pas, à proprement parler, de hautes montagnes ; mais elle est coupée d'accidents de terrain nombreux, de ravins, de bois, de côtes et de prairies, où les jeunes animaux prennent leur nourriture et la liberté si nécessaire au développement des muscles, à la souplesse et à la vigueur du corps, acquièrent une incomparable légèreté et une grande sûreté de jambes.

C'est dans ce département, aux environs de Limoges, de Pierre-Buffière, de Saint-Jean-de-Ligourre, que l'on rencontre encore les types les plus distingués de la race limousine. Il semblerait que cette famille précieuse se soit confinée dans le petit espace qui fut autrefois son berceau.

Depuis la révolution, le nombre des juments poulinières a beaucoup diminué dans la Haute-Vienne. Avant 1789, cette portion de l'ancien Limousin renfermait au moins deux mille poulinières. En 1801, on n'en compte plus que (1) deux cent vingt-quatre et neuf étalons. Néanmoins, sous l'Empire, la consommation des chevaux ayant augmentée par suite des guerres et des achats de toutes sortes, nous revenions au nombre de plus de huit cents, qui, de nouveau, diminue sous la Restauration, malgré les fournitures faites à la maison du roi, aux gardes du corps et à l'Ecole de Saumur.

Il y a à cela des causes majeures qu'il est facile d'indiquer.

D'abord, la division de la propriété, les nombreux terrains, autrefois en pâture, qui ont été cultivés, le commerce progressif des mulets et des bœufs.

A coup sûr, le petit propriétaire aime mieux élever

(1) Archives de Limoges.

un mulet qu'il vend cher au sevrage, ou un veau qui lui coûte moins de soins, d'avances d'argent, et sur lequel il y a peu de chances de perte à courir.

Depuis quelques années, la production du mulet semble s'être ralentie, les motifs en sont simples. De tous côtés on ouvre des routes, des chemins, le cheval devient donc plus nécessaire et le mulet, qui est l'animal des passages difficiles, tend à diminuer.

L'administration des haras, il faut bien le reconnaître, cherche, depuis longtemps, à faire dans la Haute-Vienne, un cheval plus fort sinon plus grand que celui du temps passé. A cet effet, elle se sert de l'étalon anglais de pur sang, pour donner plus de force, d'ampleur à la jument limousine; et, comme il arrive quelquefois que ces productions sont un peu décousues, elle revient alors avec l'étalon arabe pour régulariser l'ensemble des produits.

Le poulain de la Haute-Vienne est plus distingué, plus fashionnable que ceux des deux autres départements. Il fait le cheval de luxe par excellence, le hack le plus distingué que l'on puisse imaginer; il est souple, agile, tout son corps donne l'idée de sa noble origine; il se vend cher; la remonte y puise des animaux de tête pour les officiers supérieurs et y achète des chevaux d'armes.

Mais, s'il est manqué, si cette nature d'élite pèche dans quelques parties, alors il rentre dans les prix ordinaires, qui ne compensent pas toujours la nourriture, les soins et les avances d'argent qu'il a fallu faire. Dans cette industrie comme en toute autre, la vente d'un animal supérieur compense bien des mécomptes.

Il y a un certain nombre d'années, on vendait dans la Haute-Vienne une grande partie des poulains. La société de Pompadour avait été créée et s'était organisée dans ce but, afin d'encourager la production et d'exciter l'exportation dans les provinces voisines. Mais cette habitude s'est légèrement modifiée. On élève davantage dans la Haute-Vienne, par suite de l'amélioration dans la culture et de l'augmentation des fourrages naturels et surtout artificiels.

La plupart des grands propriétaires de la Haute-Vienne élèvent pour l'hippodrome. Ce sont les moyens et les petits qui font le cheval de luxe ou celui de cavalerie. C'est là que les encouragements par les primes et l'achat de la troupe doivent porter.

Nous l'avons déjà dit, la remonte doit arriver à payer le cheval de cavalerie légère aussi cher que celui de la grosse cavalerie. Il faut absolument que le ministre suive les prix du commerce, s'il veut assurer sa production et avoir de quoi choisir.

Le département de la Haute-Vienne offre de grandes ressources pour l'éducation du cheval de selle, qui s'y fait dans des conditions de valeur et d'énergie surprenantes.

Mais c'est une question d'argent, et à Limoges,

plus qu'autre part, puisque c'est une ville de commerce, où tout se calcule et se balance, profits et pertes. Que le limousin voit qu'il a intérêt à élever et à produire le cheval, il s'y mettra de suite avec activité, et, en ce genre, il arrivera à créer des merveilles, car c'est une nature intelligente et d'élite.

Nous joignons ici l'état des étalons employés dans les trois départements, des juments saillies et des productions. Nous avons cru devoir diviser ce travail par période de dix ans. C'est la Creuse qui a la plus grande abondance de juments.

Corrèze.

Le département de la Corrèze renferme, comme son voisin de la Haute-Vienne, des prairies nombreuses qui produisent des foins excellents et des pâtures de qualité supérieure.

Les environs de Pompadour, de Lubersac, de Tulle, d'Uzerche, en donnent un témoignage éclatant.

Le cheval de la Corrèze est de petite taille, il est plein de gentillesse, de race, de distinction, mais plus arabe qu'anglais ; aussi dépasse-t-il rarement la taille de cavalerie légère.

Les éleveurs qui nourrissent convenablement, sont les seuls qui retirent un bénéfice réel de leur élevage, les autres se traînent dans de vieilles routines qui ne les conduisent à aucun résultat favorable. Le département de la Corrèze fournit au dépôt d'Aurillac d'excellents animaux pour la cavalerie légère. Comme ces chevaux sont élevés en toute liberté, ils acquièrent une grande sûreté de jambes, une souplesse remarquable, sont sobres, durs à la fatigue, vivent de peu, ne sont pas sujets aux maladies et durent longtemps.

C'est à coup sûr la remonte qui fait, dans ce département, la plus ample, la meilleure récolte. Tout ce qui n'atteint pas la taille réglementaire reste dans la contrée, pour les services particuliers. On trouve très-souvent dans ces animaux de petite taille, des sujets du plus grand mérite, qui possèdent le fonds et la vitesse nécessaires dans un service actif et répété.

Les primes données chaque année excitent l'émulation des propriétaires, qui soignent mieux, nourrissent avec plus d'abondance leurs produits et finissent par voir qu'ils sont bien payés de la peine qu'ils prennent, des avances qu'ils font, puisque l'animal qu'ils livrent au commerce a plus de taille, de gros, de force, et qu'ils trouvent facilement un acquéreur.

Du reste, le voisinage de Pompadour, de cet établissement vraiment modèle, est une source de bons exemples et d'études sérieuses pour les éleveurs du Limousin, qui ont toujours profit à le fréquenter.

Creuse.

Le département de la Creuse a une grande affinité avec celui de la Haute-Vienne. Les prairies y sont bonnes, le foin parfait, les pâtures plus nourrissantes qu'aux environs de Limoges, surtout dans la partie qui touche l'Indre, le Cher et l'Allier.

Aussi, les chevaux, tout en étant de race limousine, sont plus carrés, plus gros, moins distingués, plus forts. Déjà, à l'âge de cinq ans, ils sont durs au travail, résistants à la fatigue; tandis que dans la Haute-Vienne, il faut les attendre jusqu'à sept ans.

Le cheval de la Creuse donne de bonnes remontes pour la cavalerie légère. Il est plus marchand que celui de la Haute-Vienne et surtout celui de la Corrèze, on le vend plus facilement, son écoulement se fait sans difficultés.

Le département de la Creuse ne possède pas comme celui de la Haute-Vienne, des propriétaires qui font naître pour l'hippodrome. Les éleveurs y sont nombreux. Ils font le cheval de luxe lorsque le produit réussit bien, ou celui de cavalerie, et enfin, ils pourvoient aux besoins du pays. La Creuse fournit à elle seule autant d'éleveurs que la Corrèze et la Haute-Vienne réunies; le nombre s'en accroît chaque jour. En 1840, il était de 830 ; en 1878, il s'élève à 1,750.

Dans l'arrondissement d'Aubusson, le plus montagneux de tous, le mulet faisait grand tort au cheval. Mais, depuis quelques années, ce dernier prend le dessus.

L'administration du haras de Pompadour a été obligée de créer une station d'étalons à Felletin, pour satisfaire aux demandes des propriétaires de cette contrée.

Avant l'ouverture des routes, les habitants ne pensaient qu'au mulet; aujourd'hui, ils ne songent plus qu'au cheval.

Une partie des poulains et pouliches qui naissent dans ce département, sont vendus à quinze ou dix-huit mois et transportés dans le Cher, l'Indre, la Vendée, la Nièvre, l'Allier, le Puy-de-Dôme et le Cantal.

C'est cet écoulement facile qui développe et augmente la production.

Autrefois, on ne faisait saillir une jument poulinière que tous les deux ans. On commence à revenir de cette erreur, de cette perte de revenu.

Il y a des gens qui pensent qu'une jument ne peut pas, sans inconvénient, donner un poulain tous les ans. Ils se trompent. Nourrissez bien votre bête, elle supportera facilement cette fatigue. D'ailleurs, la nature est si prévoyante, elle a des soins si cachés, si inattendus, qu'elle songe à la mère et ne la fait produire que lorsque son état de santé le permet.

Examinons un peu les animaux dans l'état sauvage, et nous verrons bien que toutes les fois que la nourriture est abondante, la production est aussi considérable.

Le cheval de la Creuse s'améliore chaque jour, grâce aux encouragements qui lui sont donnés. Il arrivera avant peu, nous en avons la certitude, à se relever de son abaissement.

Le choix des étalons, devenant chaque jour plus conforme à la race, donne des résultats meilleurs.

Il y a quarante ans, alors que l'agriculture était négligée, que les jeunes produits n'étaient pas soignés, on voyait çà et là dans les prairies, des animaux difformes, efflanqués, hauts sur jambes, ayant des têtes démesurées, qui venaient, pour la plupart, d'étalons normands.

On est revenu, à juste titre, aux vrais principes d'améliorations; tout cela a disparu pour faire place à des animaux réguliers et bien constitués.

Le dépôt des remontes de Guéret trouve dans ce département des acquisitions à faire, moins qu'il ne voudrait; car, nous l'avons déjà dit, une portion de nos poulains émigrent. Mais ceux qui restent, qui sont élevés sur le sol, font des chevaux de cavalerie légère, que les régiments de cette arme sont heureux de posséder. Ils joignent, à une grande résistance au travail, un fonds, une vigueur, une énergie incomparables.

Histoire de Vesta.

La fameuse Vesta est une des gloires du turf limousin.

Elle est née en 1824, chez le vénérable marquis de

la Celle, dans les écuries du château d'Ajain, près Guéret, dans le département de la Creuse.

Elle était fille de Bijou, cheval de pur sang anglais, et d'une fille de Meddecthorpe.

Elle comptait dans ses ancêtres, du côté maternel : Bertrand, pur sang arabe; Sulphier, pur sang anglais; et Lajaumont, ce magnifique étalon limousin, que monsieur le comte de Jumilhac garda si longtemps pour la monte, au château de St-Jean-de-Ligourre.

Monsieur le baron de Labastide, son nouveau possesseur, en fit l'acquisition du marquis de la Celle, alors qu'elle n'avait que dix-huit mois. Elle ne commença à courir qu'à l'âge de quatre ans révolus, ses succès furent toujours éclatants.

C'était une belle et magnifique personnification chevaline, que Vesta; quand elle paraissait sur l'hippodrome de Limoges, tous les francs Limousins battaient des mains, car, en cette vieille province, tout le monde aime le cheval de race et beaucoup le connaissent. C'est une tradition qui a passé à travers les âges, c'est un souvenir qui ne s'efface pas, d'une gloire impérissable, car le cheval de cette contrée a la plus grande, la plus légitime des renommées comme cheval de selle.

Vesta était baie, sa taille était de 1 m. 52 à 1 m. 53; mais lorsqu'elle se trouvait en face de ses rivaux, elle se grandissait tellement qu'elle semblait les dominer tous. Son œil expressif, sa tête intelligente et légère, sa démarche hardie, dénotaient en elle le sang précieux dont elle descendait.

A l'écurie, elle était difficile à approcher pour ceux qu'elle ne connaissait pas. Elle a transmis à ses produits cette sensibilité.

Mais montée, elle était douce, obéissante et facile. En course, elle demandait à être obéie par son jockey, tant elle semblait comprendre le travail qu'elle avait à accomplir.

Au départ, elle ne se pressait pas et augmentait d'elle-même, dans la course, son train et sa vitesse; « les bêtes ne sont pas si bêtes que l'on pense. »

En 1828, à quatre ans, le 28 mai, elle gagna à Limoges une poule à 100 fr. par souscription, en battant Nexon, Furet et Voltigeur. Le parcours de 3,000 m. fut fait en 4 minutes 17 secondes.

Le 4 juin, elle gagna à Limoges un prix d'arrondissement de 1,200 fr., battant Pénélope et Nexon; les 3,000 m. furent parcourus en 3 min. 54 sec.

Le 8 juin, aussi à Limoges, elle gagna le prix principal de 2,000 fr., en battant Favori et Lucie. Il y eut deux épreuves de 4,000 m. chacune. La première fut parcourue en 5 min. 4 sec.; la deuxième en 5 min. 18 s.

Le 3 août, à Aurillac, elle remporta le prix royal du Midi, de 3,000 fr.; battant Louise et Gustave, en deux épreuves, chacune de 4,000 m.; la première fut faite en 5 m. 4 secondes ; la seconde, en 5 m. 18 s.

Voilà pour l'année 1828. Passons à 1829.

Le 4 octobre, Vesta gagne à Paris le prix royal de 5,000 fr., contre Louise, Fedor et Lisette. Le parcours, en deux épreuves de 4,000 m. chacune, fut ainsi fait : la première en 5 m. 1 sec.; la deuxième, en 5 m. 10 s.

Le 11 octobre, elle gagna le prix du roi, consistant en un vase d'argent de la valeur de 1,500 fr., une coupe de 800 fr. et 3,700 fr. en argent. Elle battait Louise en 2 épreuves de 4,000 m. chacune ; la première en 5 m. 9 sec.; la deuxième, en 5 m. 5 sec.

Enfin, le 18 octobre, monsieur le baron de Labastide, engagea avec lord Henri Seymour, un pari de 300 louis, pour deux tours de champ de Mars. Vesta eut à combattre le fameux Lionel, ce superbe élève du haras de Meudon.

Dans ce grand jour, devant un pareil adversaire, monsieur le baron de Labastide crut devoir confier sa jument à Tom Webb, jockey de monsieur Crémieux aîné, l'un des plus expérimentés et des plus habiles de l'époque.

Pauvre Pierre Chabrol, qui avait toujours monté Vesta dans ses succès, n'était peut-être pas à la hauteur d'une pareille lutte. Son cœur en était gros, car il aimait sa petite Vesta, qu'il chérissait et soignait comme un enfant.

Vesta, dépassée d'abord par Lionel, reprit sa dis-

tance et gagna bientôt la course en 5 m. 3 sec. 3/5.
Lionel arriva en 5 m. 5 sec. 1/5.

Sa carrière de course se terminait.

Les offres les plus brillantes furent faites au baron
de Labastide s'il voulait se séparer de sa jument. Il
les repoussa toutes, voulant la consacrer à la reproduction.

Vesta, dans cette nouvelle position de reproductrice,
ne manqua pas à sa tâche. Elle donna au baron un
nombre de produits considérables.

L'administration en acheta plusieurs comme étalons.
Hymen et Avor entre autres furent placés à Pompadour.

Cette jument, comme tous les êtres d'élite, réunit en
elle toutes les perfections. Elle fut victorieuse dans la
lutte des courses et une poulinière remarquable.

Elle mourut au château de Labastide âgée de plus
de vingt-cinq ans.

HARAS DE POMPADOUR.

Etat général, dans les départements de la Haute-Vienne, de la Creuse et de la Corrèze, des Étalons employés, des Juments saillies, des Productions, par période décennale, de 1840 à 1878 compris.

CREUSE.

Période de dix ans.	Nombre d'Etalons.	Juments saillies.	Moyenne des Juments par étalon.	Productions.
De 1840 à 1050...	255	10.455	41	6.950
De 1850 à 1860...	264	10.825	41	7.117
De 1860 à 1870...	259	11.692	45	7.791
De 1870 à 1878...	225	11.810	52	7.877
	1.003	44.822		29.835

HAUTE-VIENNE.

Période de dix ans.	Nombre d'Etalons.	Juments saillies.	Moyenne des Juments par étalon.	Productions.
De 1840 à 1850...	145	8.257	57	5.505
De 1850 à 1860...	150	4.891	32	3.260
De 1860 à 1870...	102	4.454	43	2.902
De 1870 à 1878...	98	4.747	48	3.165
	495	22.349		14.832

CORRÈZE.

Période de dix ans.	Nombre d'Etalons.	Juments saillies.	Moyenne des Juments par étalon.	Productions.
De 1840 à 1850...	98	5.303	54	2.767
De 1850 à 1860...	86	3.157	36	2.105
De 1860 à 1870...	66	2.643	40	1.762
De 1870 à 1878...	72	3.257	34	2.170
	322	15.360		8.804

Observations. — En un espace de trente-huit ans, 1,820 étalons ont sailli 82,531 juments, c'est-à-dire une moyenne d'un peu plus de 45 juments par cheval, qui ont donné environ 53,431 produits; ce qui fait, par an, dans les trois départements, 1,403 produits et une fraction.

CHAPITRE XXXII.

Le mot academie vient du latin academia, qui veut dire gymnase, lieu d'exercices, d'études. Les académies prirent naissance en Italie au moyen-âge, où elles devinrent bientôt nombreuses et très-suivies de la noblesse. Ce fut le comte Casar Fiaschi, qui, en 1539, modifia les principes d'équitation et rendit célèbres tous ces lieux d'instruction, où ses nombreux élèves allaient répandre de nouveaux errements.

En 1547, Henri II, roi de France, ce vaillant prince qui défia Charles-Quint et chercha vainement à le combattre corps à corps pendant que son prudent antagoniste évitait sa rencontre, Henri II avait jeté les premiers fondements de ces académies illustres, qui brillèrent plus tard sous la direction des Cinq-Mars, des Pluvinel, des de Menou et de la Guérinière.

Les académies se répandirent en France. Il y en avait plusieurs très-renommées : à Paris, Lyon, Caen, Angers, Bordeaux, Limoges et Toulouse.

On y apprenait les jeunes gentilshommes à manier un cheval à tous les airs du manège, à faire des armes, à nager, à danser. Non-seulement on leur enseignait le fait des armes, mais aussi ils recevaient des leçons de courtoisie, de maintien, de politesse, si utiles et si nécessaires à un homme de haut rang.

Tout jeune homme, avant de paraître dans le monde, devait avoir fait son académie. Cela équivalait à ce que l'on appelle maintenant faire son droit. On peut dire qu'il s'est peut-être fait d'aussi grands hommes par l'une que par l'autre méthode.

Deux des plus illustres ministres d'Angleterre, Pitt et Fox sont venus faire leur académie en France. L'un étudiait à Caen, l'autre à Angers. Alors les académies de ces deux villes brillaient parmi les plus fameuses. Bougainville, Choiseul, Necker, Turgot, Calonne, Mirabeau, avaient fait leur académie. (1)

Il y avait à Limoges, au milieu de ce pays si productif en chevaux d'élite, une académie très-suivie par les jeunes gens du Limousin, de la Marche et du Périgord. C'était un membre de la famille de Lubenac qui la dirigeait. La province lui venait en aide par des subventions régulières. Ses nombreux élèves lui avaient

(1) Houel.

acquis une grande réputation, tant pour ses talents d'équitation, que pour son grand savoir personnel.

Clermont et Riom ont toujours été deux villes rivales l'une de l'autre, étant fort rapprochées.

A Riom, la haute justice, les grands jours, la généralité; à Clermont, la noblesse d'épée, l'état militaire, le commerce considérable que produit les messagiers et muletiers, qui mènent denrées, draps, fournitures de toutes espèces, de Lyon à Bordeaux.

En 1728, nous trouvons à Clermont une académie tenue par M. de Lafosse. Il était fort bel homme de cheval et très-capable. (1) Il sortait des écuries de Versailles, où il avait passé plusieurs années de sa vie dans l'étude et la pratique de ce qu'il devait enseigner. Il avait été employé longtemps aux achats des étalons en Espagne. La province lui votait chaque année des subsides.

Il y avait, vers 1740, une académie à Riom; nous en trouvons les renseignements dans les coutumes de la haute et basse Auvergne, réunies par de Chabrol, conseiller d'Etat.

« Il existe, dit-il, depuis longtemps, à Riom, une « académie royale. La ville de Clermont obtint en 1741, « des ordres pour l'y transférer ; celle de Riom fut « maintenue dans sa possession, suivant une lettre qui « lui fût adressée par M. le comte de St-Florentin,

(1) Archives de Clermont.

« depuis duc de la Vallière, le 20 août 1741 :

« Messieurs,

« Sur le compte que j'ai rendu au roy des titres pro-
« duits tant de votre part que de celle des maires et
« échevins de Clermont, Sa Majesté a jugé à propos de
« révoquer les ordres qu'elle avait donnés, pour trans-
« porter dans cette ville l'Académie établie dans celle
« de Riom.

« Votre longue possession, le bon état de l'Acadé-
« mie et l'intérêt de celui qui la tient, et des gentils-
« hommes qui viennent s'y former, ont déterminé Sa
« Majesté, qui ne doute pas que vous ne fassiez tout
« ce qui dépendra de vous pour la rendre plus floris-
« sante.

« Je suis véritablement, monsieur, votre très-affec-
« tionné serviteur.

« Signé : Saint-Florentin. A Versailles, 20 août 1741. »

Clermont fit de nouvelles tentatives en 1742. Ne
pouvant en obtenir la translation, elle demanda qu'il
lui fut permis d'établir une seconde académie, l'ayant
déjà possédée.

Monsieur le vicomte de Beaune offrit de payer l'écuyer à ses frais. Mais le gouvernement et le prince Charles de Lorraine, grand écuyer de France, ne voulurent
pas l'autoriser.

Nous trouvons cet établissement fort prospère en 1780,
à Riom. En 1790, il était dirigé par Corus de Chapt,

qui recevait de la province une indemnité de 1,350 livres par an. Cette allocation fut supprimée par le conseil du département cette même année, comme une
chose inutile et tenant au régime passé.

Nous n'avons rien trouvé au sujet des académies en
Auvergne, dans le mémoire rédigé en 1696, par M.
d'Ormesson, alors intendant; ni dans l'état de l'Auvergne de 1765, présenté à M. de Laverdy, contrôleur
général des finances, par M. de Ballainvilliers, intendant d'Auvergne.

Ces travaux, qui auraient été fort utiles pour rensei-
gner le roi sur l'état des provinces, furent rédigés avec
une négligence vraiment coupable.

En 1667, Mademoiselle de Montpensier, dite la grande demoiselle, avait établi dans sa seigneurie de Lépaud, au pays de Combrailles, où elle séjourna quelque temps en exil, une académie d'équitation (1), qui
était dirigée par M. de Saincthorent, écuyer, qui sortait
du manège de Versailles. (2)

La princesse avait voulu faire cette générosité aux
habitants du pays pour les remercier des services
qu'ils avaient toujours rendus à ses ancêtres, et de
l'attachement que lui avait partout témoigné la contrée
dans les circonstances difficiles où elle s'était trouvée.

Tant qu'elle vécut, l'établissement qu'elle avait fondé eut une grande prospérité; mais après elle, tout dé-

(1) Joullieton. *Histoire de la Marche.*
(2) Titres de famille.

21

clina, et nous n'en trouvons plus de traces à partir de
1745.

Le fameux la Guérinière, dans son grand ouvrage
sur l'*Equitation française*, nous donne le plan de terre
de son académie.

Les bâtiments en étaient vastes: un manège couvert,
de 45 mètres de longueur et de 15 de large, avec une
galerie extérieure où se rangeaient les cavaliers
avant d'entrer au manège, une carrière découverte
pour les beaux jours, ayant de chaque côté de larges
rues où se trouvaient deux écuries de chacune vingt-
huit chevaux, des remises, des selleries, des salles
d'exercices pour les armes et la danse, une grande
salle à manger, des cuisines, la demeure du cocher, des
chambres pour les écuyers, les élèves, avec une chapelle,
complétaient toute cette organisation.

CHAPITRE XXXIII.

CIRCONSCRIPTION D'AURILLAC.
ÉLEVAGE DE 1790 A 1878 DANS LES DÉPARTEMENTS
DU PUY-DE-DOME, DU CANTAL ET DE LA H^{te}-LOIRE.

La révolution avait tout renversé, désorganisé les haras en prenant les étalons pour le service de l'armée. Il fallait, néanmoins, songer de suite à reconstituer ce qui était le plus nécessaire pour la continuation de l'élevage des chevaux.

En 1790, il y eut dans le Puy-de-Dôme, à Clermont, deux rapports faits à l'assemblée départementale, sur les haras. L'un voulait le maintien des étalons en chargeant le département de cette dépense ; l'autre demandait la suppression définitive.

Il fallait, pour que le service fut assuré, trente étalons et quatre supplémentaires, pour parer aux décès ou aux maladies.

La dépense s'élevait à 15,200 livres, soit 455 livres par étalon, 600 livres pour les appointements d'un garde-visiteur, 200 livres pour un garde-haras et 200 livres pour un vétérinaire (1).

Le 20 novembre 1790, l'assemblée départementale se réunit de nouveau et décida que le Puy-de-Dôme garderait seulement seize étalons. Les gages des gardes-étalons furent fixés à 350 livres, et 50 livres pour gratification à ceux qui auraient la meilleure tenue dans leurs écuries et étalons.

Monsieur Baldan, vétérinaire à Clermont, fut nommé garde-visiteur, avec un traitement de 600 livres. Il était astreint à deux tournées par chaque année. Il fixait le nombre de juments que devait saillir chaque étalon, et éloignait de la reproduction toutes celles qui étaient tarées.

Les gardes-étalons devaient contribuer pour un quart dans le prix d'acquisition des chevaux, qui ne devait pas excéder 300 livres.

L'assemblée vota donc 8,346 livres pour couvrir ses dépenses, qui ne s'élevaient qu'à 7,000 livres. Le surplus, qui était de 1,346 livres, était conservé pour pourvoir à l'achat et au remplacement des étalons morts ou réformés.

Le propriétaire de la jument saillie devait remettre au garde 20 livres pesant d'avoine, pour le saut de son cheval.

Tous les anciens gardes remirent les étalons que le

(1) Archives de Clermont.

roy leur avait confiés, et on les paya jusqu'au 1ᵉʳ janvier 1791.

Il y avait bien loin de là à la puissante organisation créée par le génie de Colbert. Aussi, devant cet appauvrissement, l'élevage du mulet prit-il un essor considérable.

Même chose eut lieu dans le Cantal.

Nous devons parler ici d'un officier des haras d'avant la révolution, qui résumait en lui toutes les connaissances et tous les talents de l'homme de cheval le plus distingué. Nous avons nommé le marquis de Peyronencq, inspecteur général des haras sous le règne de Louis XVI. Cet officier donna en Auvergne une impulsion considérable à l'élevage (1). Instruit, actif, plein de dévouement à ses devoirs et à la chose publique, il parcourait constamment la province, donnant ses conseils aux uns, relevant l'inertie des autres et parvenant, à force de travail, de labeur, à reconstituer, à relever la race d'Auvergne. Ce fut lui qui obtint du prince de Lambesc, alors grand écuyer de France, quelques chevaux anglais du plus haut mérite, des barbes et des arabes de valeur.

Il les utilisa si bien, il sut les placer avec tant de discernement, leur joindre des juments si fort appropriées, qu'il arriva en quelques années aux plus beaux résultats.

(1) Renseignements particuliers donnés par le comte de Saigne.

Il a laissé en Auvergne la réputation la plus éclairée sur les questions agricoles et l'élevage des chevaux.

La tourmente révolutionnaire le força d'émigrer.

Cantal.

A la réorganisation des haras, sous le premier Empire, en 1806, on choisit Aurillac comme point central, pour desservir, par un dépôt d'étalons, les départements qui avaient été créés dans l'ancienne province d'Auvergne. Le lieu était excellent; l'air vif et salubre qu'on y respire, assurait, par avance, la santé des animaux qui devaient y être placés.

Le Cantal a un sol varié; des pics couverts de neige une partie de l'année, des plateaux moins élevés, connus sous le nom de montagnes, sont pleins d'un gazon frais et abondant; au-dessous, des vallons riants et fertiles, dont la base est occupée par des prairies naturelles arrosées à volonté.

Les pâturages sont immenses, de qualité et de force différentes. Ceux qui sont arrosés deviennent gras, produisent une herbe abondante et touffue, propre à donner de la taille et de l'ampleur aux animaux qui y sont élevés. Ceux des montagnes, au contraire, secs, ont une prairie fine, aromatique, délicate, qui élève des animaux ayant plus de nerf et de légèreté.

Le cheval du Cantal a la tête un peu forte, l'œil vif, les oreilles petites, l'encolure courte, le corps ramassé, le rein droit, la croupe un peu basse, les jarrets secs, évidés, un peu trop coudés, souvent clos; les membres antérieurs grêles, le pied bon, le tempérament vigoureux.

Ce cheval avait autrefois la réputation de mourir, mais de ne pas vieillir.

Il y a dans le Cantal, comme dans le Puy-de-Dôme, trois espèces de chevaux : celle qui sert à la course; les animaux qui viennent du Berry, du Poitou, du Bourbonnais et de la Bretagne; enfin, la vieille race des chevaux de selle de l'Auvergne, qui est généralement grise truitée ou alezane brulée.

Quelques auteurs prétendent que cette espèce descend de chevaux anglais, envoyés dans ce pays par le prince de Lambesc, grand écuyer de France. Je serais plutôt d'avis que ce sont des créations d'arabes. Nous avons déjà vu la même chose dans la Creuse, la Haute-Vienne et la Corrèze. Pour cela, nous pouvons affirmer que l'origine en est arabe.

Le cheval du Cantal puise ses qualités, non-seulement dans son origine, mais dans la rudesse du climat, dans sa vie sauvage et vagabonde; la sûreté de ses allures tient aux accidents de terrain qu'il parcourt dans sa jeunesse, et sa sobriété, de la façon dont il est nourri.

Le cheval est peu soigné dans le Cantal. Généralement il ne reçoit que le reste des bœufs et des vaches. Aussi, l'étalon anglais demandant, pour ses produits, une nourriture plus abondante, ne donne-t-il pas les résultats qu'on serait en droit d'espérer.

Il faut bien le dire, si l'anglais est plus exigeant que l'arabe, il rend bien davantage à la vente.

Le cheval du Cantal, comme celui du Puy-de-Dôme, s'est beaucoup modifié depuis cinquante ans par les croisements qui ont eu lieu.

Il faut dans le Cantal des étalons arabes, anglo-arabes ou anglais. Ces derniers doivent être choisis dans les animaux de pur sang, fortement membrés et de taille relativement moyenne. Il n'est pas toujours facile de trouver cette sorte d'étalons; outre qu'ils sont rares, ils coûtent fort chers, de 30,000 à 40,000 fr. pièce. Il serait pourtant utile de faire ce sacrifice pour les éleveurs de l'Auvergne.

Il faut bien avouer qu'autrefois la race valait mieux qu'aujourd'hui, elle était plus homogène.

Le dépôt d'Aurillac, en se mettant à l'œuvre, en 1806, obtint de véritables succès; les chevaux se vendaient bien, la production marchait avec sûreté puisque l'écoulement était assuré. Mais les dernières guerres de l'Empire détruisirent tout ce qui avait été créé. Il fallait tant de chevaux que l'on prit tout ; les juments poulinières et les pouliches d'espérance.

Le dépôt d'Aurillac dessert aujourd'hui le Cantal, le Puy-de-Dôme et la Haute-Loire; il avait autrefois le Lot, qui a été joint à un autre établissement.

De 1816 à 1831, pendant un espace de quinze ans, le Puy-de-Dôme et la Haute-Loire dépendirent d'un dépôt établi à Parentignat, près d'Issoire. Il renfermait de 35 à 45 étalons. Sa position au milieu de vastes prairies, dans un pays salubre, où les foins sont excellents, les eaux claires et limpides, assurait la santé des animaux qui s'y trouvaient placés.

La terre, le vaste château de Parentignat, qui appartient à la vieille et noble famille de Lastic, de grandes dépendances, firent choisir ce lieu pour y placer le dépôt d'étalons.

Deux vastes écuries, l'une de 17, l'autre de 18 chevaux, une troisième de 6 chevaux, toutes voûtées, bien aérées, dans d'excellentes conditions d'hygiène, formaient cet établissement. A cela, ajoutez encore une écurie de 6 chevaux, une infirmerie, les logements des officiers, et des hommes, compléteront tout cet aménagement. On pouvait donc y placer facilement plus de 40 chevaux. (1)

Puy-de-Dôme.

Le département du Puy-de-Dôme diffère un peu de celui du Cantal. Son climat est varié; rigoureuse dans certaines parties élevées, sa température devient plus douce à mesure que l'on se rapproche de la plaine, et les

(1) Renseignements dus à la complaisance de M. le comte Lastic de Parentignat.

praìries diffèrent aussi entre elles. Celles de la Limagne sont plus fortes, plus abondantes que celles des montagnes. La force et l'ampleur des animaux, ou leur exiguité, prouvent combien la nourriture qu'ils prennent influe sur leur naturel.

Dans tout le département, les soins donnés au cheval laissent beaucoup à désirer, ils ne sont ni suffisants ni intelligents.

Ce n'est pas que la nature des habitants manque de finesse et d'habileté.—L'auvergnat est au contraire fort délié, très-rusé, près de son profit et de ses intérêts; mais il lui manque de bons exemples, et surtout les bœufs, les vaches, les veaux, les moutons, les mulets, se vendant bien, il aime mieux s'occuper de leur élevage que de celui des chevaux, parce qu'il est plus commode, moins dispendieux, et que les bénéfices en sont plus certains.

La vente du mulet dans le Cantal et le Puy-de-Dôme est un commerce sérieux, productif et point du tout aléatoire. Ainsi, sur 7 juments consacrées à la reproduction, une seule est donnée au cheval. Et pourtant, si on y réfléchissait, il n'y a pas une contrée en France aussi convenable que le Cantal et le Puy-de-Dôme pour élever de nombreux chevaux: pâturages immenses, air vif, pur, eaux excellentes.

Il faudrait grandir le cheval de ce pays, non pas tant par les croisements que par une nourriture abondante et substantielle. Une fois grandi, il s'étofferait

avec des soins assidus et entrerait ainsi convenablement dans le commerce.

Avant de clore cet article, il est nécessaire de parler,
de dire un mot de l'abbé de Pradt, ancien archevêque
de Malines, qui avait fondé au château du Breuil, près
Issoire, entre Ardres et Allanches, un vaste établissement
agricole. Il entretenait un nombre considérable de
bestiaux. Il avait fait venir des vaches suisses et nourrissait un assez grand nombre de juments poulinières
et leurs productions.

L'étendue de la terre était de 1,000 arpents de pâturages, dont on retirait 600 milliers de bottes de foin. (1)

Esprit rêveur, inquiet, souvent malade, il se persua-
dait facilement que ce qu'il avait rêvé était une
réalité.

« On peut me demander, disait-il, un cheval,
« comme on commande un habit à un tailleur, je me
« charge de le fournir à une époque donnée, de la
« robe, de la taille, de l'encolure et du caractère qu'il
« m'aura été désigné. »

Il faut bien avouer que l'ancien archevêque dépas-
sait les bornes de la raison en s'exprimant de la sorte.

Les Anglais, qui sont les éleveurs les plus habiles
du monde pour modifier et pétrir la nature, n'arrive-
raient pas à donner la solution de ce problème..

(1) *Journal des haras 1829.*

Haute-Loire.

Ce département ne signifie rien pour l'élevage des chevaux, le mulet et le bœuf y ont toutes les sympathies des cultivateurs.

Le dépôt des remontes de la cavalerie, placé à Aurillac, achète de très-bons chevaux pour les régiments de cavalerie légère dans ces départements.

ÉTAT

DES HARAS PARTICULIERS

DE 1665 A 1790

DANS LES PROVINCES DU LIMOUSIN, DE LA MARCHE
ET DE L'AUVERGNE.

—

HARAS DU LIMOUSIN.

—

Haras de Turenne.

Le maréchal de Turenne, qui mourut en 1675, était gouverneur du haut et bas Limousin, colonel général de la cavalerie légère de France. Il possédait à son château de Turenne des terres considérables.

Il s'occupa beaucoup de l'élève des chevaux, qu'il aimait.

La jument qu'il montait le jour de sa mort était la fameuse *Pie*, qui avait été élevée dans ses haras du Limousin. *Lâchez la Pie*, disaient les vieux grognards du temps, *elle nous conduira à la victoire*.

Le maréchal possédait dans ses vastes domaines plus de deux cent cinquante juments poulinières.

Il avait une quinzaine d'étalons de choix, arabes, barbes et limousins.

Il fit venir des barbes d'Andalousie, de Barbarie, et en obtint plusieurs du bey d'Alger.

Haras de Nexon.

En 1709, Monsieur le baron de Nexon possédait dans sa terre de Nexon, ou aux environs, un haras se composant de trois étalons, un barbe, un limousin et un genest d'Espagne.

Il leur annexa plus de soixante juments limousines ou espagnoles, du plus beau choix.

Le haras de Nexon a fourni beaucoup de chevaux aux écuries des rois, au manège de Versailles avant la révolution, à l'Empereur Napoléon Ier, à l'école de cavalerie de St-Germain, à celle de Saumur, et de nombreux étalons à l'administration des haras. Le haras de Nexon date de 1550.

Haras de Saint-Jean-de-Ligourre.

En 1709, le haras de St-Jean-de-Ligourre appartenait à monsieur le comte dè Jumilhac St-Jean. Il était fort ancien et renfermait les poulinières les plus précieuses de sang limousin et arabe. A cette époque, il possédait un étalon barbe et trente-cinq juments poulinières.

La vallée de la Ligourre est remarquable par la fertilité et la finesse de ses prairies.

Les poulinières du comte de Jumilhac avaient une telle réputation, qu'elles étaient connues sous le nom de juments de la race de Jumilhac.

Haras de Lubersac.

Monsieur le comte de Lubersac avait établi au château de ce nom, près de Pompadour, en 1709, un haras de quinze juments poulinières, de race limousine, de la plus grande beauté.

Il possédait un étalon barbe.

La famille de Lubersac a élevé, de tout temps, un grand nombre de chevaux. Nous avons eu, entre mains, grâce à la courtoisie de feu monsieur le marquis de Lubersac, un titre d'inventaire du château de Lubersac, de l'an 1500, où sont relatés un certain nombre de juments poulinières, pouliches, poulains et étalons limousins et barbes.

Haras de Coussac-Bonneval.

En 1720, monsieur le comte de Bonneval, qui avait de nombreuses métairies autour de son château, y établit un haras composé de deux étalons, un barbe et un espagnol, et de quarante belles juments limousines.

Haras de Ventadour.

En 1725, monsieur le duc de Ventadour, qui était l'un des plus grands tenanciers du Limousin, possédait au château de Ventadour ou dans ses domaines, plus de soixante-dix juments poulinières, limousines ou espagnoles. Il avait six étalons, un barbe, deux genests d'Espagne et trois limousins.

Haras de La Rochefoucauld.

Le duc de La Rochefoucauld avait un haras très-ancien, qu'il tenait de ses ancêtres. Il s'était soumis, en 1709, à l'approbation du gouvernement. Il possédait quarante juments limousines où espagnoles et avait six étalons. En 1710, il voulut casser son haras et proposa à monsieur de Pontchartrain ses étalons pour le Limousin. Cette vente fut traitée entre monsieur de Sainsac, commissaire des haras de la généralité et monsieur de Berlengy, écuyer du duc, au prix de 400 livres, prix ordinaire payé par le roy, pour ses étalons. Quant aux juments, elles furent achetées par des propriétaires de son voisinage. (1).

Haras de Boisseuil

En 1740, Monsieur le comte de Boisseuil avait

(1) Lettre de Monsieur de Bernage, intendant du Limousin.

établi au château de ce nom, un haras de dix juments limousines et un étalon barbe.

Haras de Lavergne.

Le haras de Lavergne appartenait à monsieur de Coux. Il se composait d'un étalon barbe et de dix juments limousines, placées dans les domaines de ce propriétaire, ainsi qu'il suit :

1° Montgibaud, paroisse de Lubersac, une jument, 4 pieds 8 pouces, baie brune.

2° Meuzac, domaine de Hautefaye, une jument, 4 p. 9 p., baie.

3° Meuzac, domaine de Hautefaye, une jument, 4 p. 9 p., baie.

4° Meuzac, domaine de Hautefaye, une jument, 4 p. 9 p., baie.

5° Meuzac, domaine de Lafournée, une jument, 4 p. 9 p., baie.

6° Benaie, domaine de la Porte, une jument, 4 p. 9 p., grise.

7° Benaie, domaine de la Porte, une jument, 4 p. 9 p., grise.

8° Benaie, domaine de la Porte, une jument, 4 p. 9 p., baie.

9° Benaie, domaine de Lépinatz, une jument, 4 p. 9 p., baie.

22

10° Benaie, domaine du Fraisset, une jument, 4 p.
9 p., baie.

Cette pièce, trouvée dans les archives de Limoges,
date de 1785; mais le haras est de beaucoup plus
ancien, et la famille de Coux était parmi les éleveurs
du XVI° siècle, comme il appert d'un titre de cette
époque que nous avons lu.

Haras de Vic.

Le marquis de Tourdonnet avait établi son haras à
Vic, élection de Limoges, en 1760. Il était composé
d'un étalon Limousin et de quinze juments de cette
race.

Haras des Chapelles.

En 1760, monsieur Mailhard de la Couture avait
un haras à sa terre des Chapelles, paroisse de
Janaillac, près de Nexon, élection de St-Yrieix. Il y
possédait un étalon barbe et quinze cavales limousines de la plus grande beauté. Ce haras était beaucoup plus ancien que la date de 1760, qui vient d'un
relevé de cette époque. La famille de la Couture a
fourni plusieurs officiers des haras des plus distingués.

Haras de Champagnac.

Monsieur le baron de la Roche-Canillac avait

établi, en 1760, un haras à Champagnac. Il se composait d'un étalon limousin et de quinze juments de cette race.

Haras de Lobeyllac.

En 1760, monsieur de Lobeyllac avait établi un haras de dix juments, dans sa terre, près de Pompadour.

Haras du Mazeau.

Monsieur de Léobardy du Mazeau, près de Bessines, avait établi, en 1760, un haras de dix juments et d'un étalon limousin dans ses domaines du Mazeau et autres.

Haras du Temple.

Monsieur de Beauchamp du Temple, près Uzerche, forma un haras, en 1760, dans sa terre du Temple. En 1764, il se composait de dix juments limousines et d'un étalon espagnol. Elles étaient ainsi placées : quatre au Temple, trois à la Nouaillette, près Hautefort, trois à l'Age. Elles lui avaient été envoyées par le ministre Bertin, le 22 septembre 1764, grâce à l'appui de monsieur de Soubise; il lui fut accordé, sur les fonds des haras, une gratification de 600 livres, qu'il reçut au mois de novembre 1764. (1)

(1) Archives de Limoges.

Haras de Faye

Monsieur de Faye avait un haras à Faye, dans la paroisse de Flavignac. Il datait de 1740; la note que nous copions aux archives de Limoges est de 1785. Il se composait alors d'un étalon limousin et de quinze juments, ainsi réparties :

1° Paroisse de Flavignac, à Faye, une cavale, 4 p. 9 p.
  2°   id.   id. une cavale, 4 p. 9 p.
  3°   id.   id. une cavale, 4 p. 10 p.
  4°   id.   à Lugrate, une cavale, 4 p. 11 p.
  5°   id.   id.   une cavale, 4 p. 8 p.
  6°   id.   id.   une cavale, 4 p. 9 p.
  7°   id. à Lambodie, une cavale, 4 p. 9 p.
  8°   id.   id.   une cavale, 4 p. 9 p.
  9°   id.   id.   une cavale, 4 p. 8 p.
10°   id.   id.   une cavale, 4 p. 8 p.

11° Paroisse de St-Martin-le-Vieux, à Villelouleix, une cavale, 4 p. 9 p.

12° Paroisse de St-Martin-le-Vieux, à Villelouleix, une cavale, 4 p. 9 p.

13° Paroisse de Burgnac, à Lubersac, une cavale, 4 p. 8 p.

14° Paroisse de Burgnac, à Lubersac, une cavale, 4 p. 9 p.

15° Paroisse de Beina, à Sulotte, une cavale, 4 p. 7 p.

La paroisse de Flavignac est près de Chalus, celle

de St-Martin-le-Vieux près d'Aixe, celle de Burgnac aussi, celle de Beina près de Rochechouart.

Haras de Tard.

Monsieur le comte de Lavergne possédait à Tard, près Aixe, élection de Limoges, un haras qui se composait de huit juments limousines et un étalon barbe. Elles étaient placées dans les propriétés suivantes :

1° Paroisse de Lavergne, domaine de la Gobertie, une jument, 4 p. 9 p., baie.

2° Paroisse de Lavergne, domaine du Rourq, une jument, 4 p. 10 p., baie.

3° Paroisse de Lavergne, domaine du Rourq, une jument, 4 p. 9 p., baie.

4° Paroisse de Lavergne, domaine du Rourq, une jument, 4 p. 9 p., baie.

5° Paroisse de Lavergne, domaine du Sajoux, une jument, 4 p. 11 p., baie.

6° Paroisse de Lavergne, domaine des Grangettes, une jument, 4 p. 8 p., grise.

7° Paroisse de Lavergne, domaine des Fargeas, une jument, 4 p. 8 p., baie.

8° Paroisse de Lavergne, domaine du grand Chalié, une jument, 4 p. 9 p., baie.

Ce haras datait de 1760, mais cette note est relevée en 1785. (1)

Haras de Sereilhac.

Monsieur le marquis de Saint-Abre avait un haras, près de Sereilhac, élection de Limoges, se composant de quinze juments limousines et d'un étalon de cette race. Cet établissement datait de 1760. Nous trouvons dans la revue faite en 1769, quatorze juments de monsieur de Saint-Abre qui reçoivent chacune une gratification de 24 livres.

Haras de Saillant.

Le comte du Saillant possédait, en 1769, un haras de vingt juments limousines et d'un étalon de cette race. Il reçut cette année, à la revue qui eut lieu, une prime de 24 livres par jument; dix furent récompensées. Ce haras datait de 1760.

Haras de Chassat.

La comtesse de Sedières avait, à sa terre de Chassat, un haras de vingt-cinq juments limousines et d'un étalon barbe.

Haras du Temple.

En 1764, monsieur de Brias établit au Temple,

(1) Archives de Limoges.

paroisse d'Ayen en Limousin, un haras se composant de dix juments limousines. Nous n'avons trouvé que cette simple indication.

Haras du Marnadaud.

Monsieur le marquis de Courtin du Marnadaud possédait, en 1770, un haras dans l'élection de Limoges, se composant de vingt-cinq juments et d'un étalon limousin ; mais il a été impossible de trouver la position juste de ce haras.

Haras de Hautefaye.

En 1770, monsieur le maréchal de Noailles, qui aimait beaucoup les chevaux et les montait fort bien, avait un haras à Hautefaye, qui se composait d'un étalon barbe et de vingt juments, soit espagnoles, soit limousines, de la plus grande beauté.

Haras du marquis de Lavergne.

En 1780, le marquis de Lavergne avait un haras qui se composait de dix juments limousines et d'un étalon barbe.

Elles étaient placées dans les environs de Limoges et de Nexon, de la façon suivante :

1° Paroisse et bourg de Tara, une cavale, 4 p. 9 p., baie.

2° Paroisse et bourg de Tara, une cavale, 4 p. 8 p., baie.

3° Paroisse de Tara, domaine de Lajaux, une cavale, 4 p. 9 p., alezan.

4° Paroisse de Tara, domaine de Lajaux, une cavale, 4 p. 9 p., baie.

5° Paroisse de Tara, domaine des Forges, une cavale, 4 p. 9 p., baie.

6° Paroisse de Tara, domaine des Forges, une cavale, 4 p. 8 p., baie.

7° Paroisse d'Aixe, domaine de Burgnac, une cavale, 4 p. 8 p., grise.

8° Paroisse d'Aixe, domaine de Burgnac, une cavale, 4 p. 8 p., grise.

9° Paroisse de St-Priest-Ligourre, domaine du Theil, une cavale, 4 p. 8 p., grise.

10° Paroisse de St-Priest-Ligourre, domaine de Maret, une cavale, 4 p. 9 p., baie.

Haras de Haute-Brousse.

En 1780, monsieur le comte de Noailles avait à Haute-Brousse et à Saint-Privas, élection de Tulle, un haras composé de quinze juments limousines et d'un étalon de cette race.

Haras de l'Isle.

En 1788, monsieur Babou des Courrières possédait

un haras à l'Isle, élection de Limoges. Il y avait une douzaine d'excellentes juments limousines et c'était le royal étalon *Limousin* qui y faisait la monte.

Haras de Camps.

Ce fut vers 1787 ou 1788, que monsieur le marquis des Cars établit à Camps, un haras, se composant d'un étalon limousin et de vingt juments de la même race.

Haras de Nieul.

Le vicomte de Brettes fonda, vers 1788, un haras dans l'élection de Limoges. Il se composait de dix juments limousines. C'était le *Séduisant*, étalon royal, de race limousine, qui y faisait la monte.

Haras du Fraisse.

Le haras du Fraisse appartenait à la famille des Moutiers de Mérinville. Il datait de 1709. Il renfermait vingt-cinq juments poulinières et trois étalons, dont un barbe, un limousin et un genest d'Espagne. Ce dernier étalon était fort recherché à cause du voisinage du Poitou. Il est sorti de ce haras beaucoup de chevaux distingués, qui ont été achetés par les écuries du roy, le manège de Versailles et le service de Napoléon I". Cet établissement était, sous le premier Empire, dans toute sa splendeur.

Pendant la Restauration, lorsque le Dauphin vint à
Limoges, on lui présenta la *Venus*, jument limousine, née et élevée au haras du Fraisse, dont la beauté
était incomparable. Ce fut cette superbe bête que le
prince monta pour passer une revue des troupes de la
garnison.

HARAS DE LA HAUTE ET BASSE MARCHE.

Haras de Saint-Dizier.

Monsieur le comte d'Aubusson de la Feuillade
possédait, à St-Dizier, près d'Aubusson, un haras
datant de 1760, qui était composé d'un étalon barbe
et de dix juments poulinières excellentes, pour
lesquelles il recevait chaque année une gratification
de 24 livres par tête, comme il est spécifié dans les
revues de cette époque.

Haras de Ste-Feyre.

Monsieur François Mérigot, marquis de Ste-Feyre,
avait aux lieu et château de Ste-Feyre, en 1727,
élection de Guéret, un haras composé d'un étalon
barbe et de vingt juments, dont huit limousines et
douze de la race marchoise.

Haras de Mainsat.

Monsieur le comte de la Roche-Aymon possédait dans ses terres de Mainsat et de St-Maixent, un haras, se composant de vingt-cinq juments limousines et espagnoles, avec un étalon barbe (1730-1740).

Haras de Puygrenier.

Monsieur de Laboureyl de Puygrenier, avocat au Parlement, demeurant à Chénerailles, possédait, dans ses domaines, un haras composé d'un étalon limousin et de douze juments de la race marchoise, de la plus grande beauté.

Haras de Borgenet.

Monsieur Martin de Biancourt de Borgenet, président de l'élection de Chénerailles, avait chez lui deux étalons du roy, un à lui appartenant en propre, dont il a refusé souvent 80 pistoles. Il avait un petit haras composé de dix juments de la plus grande beauté (1710).

En 1710, il y avait, dans la commune de St-Priest la Plaine, près le grand Bourg Salagnac, en Marche, des juments poulinières de la meilleure tournure et du meilleur mousle (1). Aussi y avait-il toujours des chevaux barbes comme étalons. En 1779, c'étaient le

(1) (Extrait du rapport de l'Inspecteur).

Royal, barbe ; *le Ferrarcher*, barbe ; et le *Chevreuil*, limousin.

En 1790, monsieur Mailhard de la Couture, commissaire des haras, y plaça le *Badour*, espagnol, noir; le *Général*, limousin, gris, et le *Vigoureux*, normand, bai. Il nous a été impossible de trouver les noms des éleveurs de cette contrée.

Haras de Saint-Germain-Beaupré.

Monsieur le marquis de Foucauld de St-Germain-Beaupré possédait un haras considérable au château de ce nom, entre la Souterraine et Dun. Cet établissement était fort ancien.

La proximité de ce haras du Poitou faisait qu'il y fallait toujours au moins quatre étalons : un barbe, un roussain espèce, un genest d'Espagne et un cheval du pays. Les possessions du marquis étaient considérables dans la province, où il avait plus de cent métairies, des forêts et bois nombreux.

En 1727, il demanda à monsieur de Brancas, qui était à cette époque à la tête des haras, de lui envoyer un beau barbe pour *renouver* son haras.

Mais, vers 1730, le haras de St-Germain diminua en nombre, le marquis de St-Germain écrivait à ce sujet au roy : « Sire, je ne suis plus en état de continuer mon grand haras comme au temps passé, par suite des dépenses que j'ai été obligé de faire, ayant trois enfants au service de Votre Majesté. »

Le marquis était néanmoins encore fort riche. C'était au XVII° siècle, dans le centre du royaume, un des plus grands tenanciers.

Les cavaliers de la compagnie de son fils aîné, se remontaient tous en Marche.

Les écuries du château de St-Germain-Beaupré étaient splendides et toutes voûtées. Elles pouvaient contenir plus de deux cents chevaux.

Haras de Magnac-Laval.

En 1730, monsieur le duc de Laval possédait, dans la terre de Magnac, sénéchaussée du Dorat, un haras assez considérable, formé de trois étalons, un barbe, un espagnol et un anglais, auxquels étaient annexées quarante juments limousines, espagnoles ou anglaises de premier choix.

Haras de Laris.

En 1740, monsieur de la Celle 'avait dans la basse Marche, au château de Laris, près la Celle-Dunoise, un haras, se composant d'un étalon barbe et douze juments de la race marchoise.

Haras de Thonneyrat, près Bellac.

En 1750, monsieur de Thonneyrat possédait au château de Thonneyrat, près Bellac, un haras de douze juments limousines excellentes et d'un étalon espagnol.

Haras de monsieur du Chalard.

Monsieur du Chalard, lieutenant particulier au siège du Dorat, avait un haras, se composant d'un étalon barbe et de quinze juments limousines et marchoises excellentes.

Haras de monsieur de La Coste.

Monsieur de La Coste, président à l'élection de Limoges, possédait, près de Bellac, dans sa terre...... un haras, composé d'un étalon barbe et de douze excellentes juments limousines, dont il tirait par chaque année plus de mille écus de profit (1).

Haras du marquis des Combes.

Monsieur le marquis des Combes avait, dans la -Basse-Marche, un haras, composé d'un étalon barbe et de vingt-cinq juments limousines très-belles. Il a été impossible de découvrir le lieu de ce haras, qui n'est pas fixé sur le titre.

Haras du marquis de Cromont.

En 1860, monsieur le marquis de Cromont, avait

(1) Extrait des Archives de Limoges.

près de la Souterraine, dans son domaine de Cromont, dans ceux du Coudert, de Lavaud-Barraud et autres, un haras, formé d'un étalon barbe et de quinze juments limousines de la plus belle race (1).

Haras de Bagnac.

En 1740, monsieur le marquis de Bagnac avait un haras au château de Bagnac, près Bellac. Il y entretenait plus de trente juments de race limousine de premier choix, qu'il croisait avec des étalons barbes ou des genests d'Espagne. Il vendit à plusieurs reprises, des chevaux pour l'Académie des chevaux-légers. En 1762, il réclama pour son haras, à monsieur l'Intendant de la Généralité, un cheval des haras de Pologne.

Haras de Chaux.

En 1765, le comte de Saint-Maure avait dans sa terre de Chaux, paroisse de Bagnac, un haras composé d'un étalon limousin et de dix juments.

Haras du Deffends.

En 1710, monsieur le comte de Montbas, brigadier des armées du roy, avait dans sa terre du Deffends, senéchaussée du Dorat, un haras de quinze juments

(1) Renseignements dus à la complaisance de monsieur Montaudon, maire de la Souterraine et membre du Conseil général de la Creuse.

limousines de la plus grande beauté, et un étalon barbe.

Haras de Rancé.

En 1720, monsieur de Roffignac avait à sa terre de Rancé, senéchaussée du Dorat, un haras de douze juments limousines et d'un étalon espagnol au roy. (1)

Comme on le verra dans l'état des gratifications accordées en 1760, copiée aux éclaircissements, il y avait beaucoup de petits éleveurs, possédant chacun trois ou quatre juments d'élite, qui étaient récompensées dans les revues et que nous n'avons pas pu comprendre sous le titre de haras.

HARAS DU PAYS DE COMBRAILLES, DE LA HAUTE ET BASSE AUVERGNE.

Haras de Lépaud en Combrailles.

La famille de Montpensier, entretenait à Lépaud en Combrailles, un haras qui se composait de trois ou quatre étalons et de cinquante juments limousines, marchoises ou espagnoles. Les étalons appartenaient à la race barbe, limousine ou espagnole.

Les étalons qui étaient placés à Lépaud desservaient toutes les juments des environs.

Haras d'Effiat.

En 1702, le marquis d'Effiat établit à son château

(1) Extrait des Archives de Limoges.

d'Effiat, ou dans ses terres en Limagne, élection de Riom, un haras considérable. Il se composait de six étalons de race barbe, espagnole, danoise ou auvergnate. Il y avait en outre soixante juments poulinières de diverses races. Mais la plus nombreuse était composée de juments d'Andalousie, aux formes puissantes.

En 1714 et 1715, monsieur le marquis d'Effiat recevait sur la caisse des haras, pour l'entretien de son établissement (1) deux mille sept cent quatre-vingt-dix livres.

Haras de Bonnancontre.

En 1708, monsieur François Carmautrand, chevalier, seigneur de Bézance, avait un haras composé d'un étalon barbe et de quinze juments auvergnates, placées à ses domaines de Bonnancontre, paroisse de Courpière et de la Cormède, élection de Clermont.

Haras de Sarliève.

On essaya de dessécher le lac de Sarliève en 1611. On abandonna le projet en 1616. Il fut repris par monsieur de Strada, gentilhomme Allemand, naturalisé en 1632, et terminé vers cette époque. Un monsieur Strada, sans doute le petit-fils de celui-ci, établit dans sa propriété de Sarliève, un haras de trois étalons barbes et espagnols. Il y joignit quarante-

---

(1) Correspondance des intendants.

cinq juments auvergnates, espagnoles ou normandes de la plus belle race.

On y élevait beaucoup de chevaux qui étaient très prisés aux écuries du roi à Versailles, pour le service des attelages de la reine et des princes.

Haras de Crocq.

En 1713, monsieur Coujol seigneur de Ludicres, écuyer, conseiller du roy, avait à Crocq, paroisse de Picherande, un haras se composant d'un étalon espagnol et de quinze juments. Ces juments, d'après les documents, étaient grosses et fortes.

Haras de Fabregues.

Messieurs de Fabregues et de Leygonie, trésoriers de France, avaient en communauté un haras au château de Fabregues, paroisse d'Aurillac, l'acte en fut passé devant notaire le 15 octobre 1714. Il se composait d'un étalon barbe et de vingt-cinq juments d'Auvergne.

Haras des Ecuves.

En 1716, monsieur de Fontanès établit un haras de trente juments et un étalon à son château des Ecuves, près de Monestier, élection d'Issoire.

Haras de Monestier.

En 1707, monsieur Damien de Saint-Priest de

Fontanel établit un haras à Monestier, élection d'Issoire. Il était composé de trente juments et d'un étalon.

De 1713 à 1716, la morve sévit avec violence dans les écuries de ce haras et monsieur de Fontanel perdit plus de quatre-vingts chevaux. Il se remit avec courage à l'œuvre et réussit. En 1727, ce haras était très florissant. M. de Fontanel vendit très souvent des étalons au roy ou à des éleveurs de la contrée.

Haras de Conros.

En 1719, monsieur le marquis de Conros, qui habitait au château de ce nom, dans l'élection d'Aurillac, près Arpajon, constitua son haras avec un étalon espagnol et quinze juments d'Auvergne. En 1724, ses succès l'encouragèrent et il porta son haras à vingt-cinq juments. Le marquis de Conros était de la maison de St-Martial, et la terre de Conros était une des plus belles et des plus seigneuriales de l'élection d'Aurillac.

Haras de Neuville.

En 1719, Guillaume Thealier, garde-étalons, demeurant à Neuville, élection d'Aurillac, avait un haras composé de quinze juments et un étalon au roy.

Haras de Calzac.

En 1719, monsieur de Boschatel, président au

présidiat d'Aurillac, fonda à Calzac, paroisse de Mezac, élection d'Aurillac, un haras de vingt juments auvergnates et d'un étalon de la même race.

Haras de St-Geniet.

Ce fut en 1723, que monsieur le comte de Sereyl, proche parent de l'évêque de St-Flour, fonda un haras de vingt juments et un étalon, au lieu de St-Geniet.

Haras de Veyrières.

En 1724, monsieur de la Roque St-Chamarand fonda à son château de Veyrières, paroisse de Sansac, élection de Mauriac, un haras composé de quinze juments et un étalon barbe.

Haras de Sedaiges.

Ce fut vers 1724 que le marquis de Sedaiges fonda un haras au château de Sedaiges, paroisse de Marmagnac. La famille de Sedaiges était depuis longtemps connue parmi les éleveurs de chevaux de la contrée. Les vastes et excellentes prairies qui avoisinent ou entourent le château, en font un lieu rare pour l'élevage des chevaux. Le haras se composait d'un étalon danois et d'un d'Auvergne. Trente juments y étaient annexées.

Haras de Mazeyrolles.

Le haras de Mazeyrolles, situé paroisse de Drujeac, élection de Mauriac, fut fondé en 1724 par M. de Salevs et renfermait un étalon espagnol et vingt juments.

Haras d'Aubrac.

En 1727, monsieur de la Ribière, prieur d'Aubrac, demanda à l'intendant de la province, qu'il lui envoya un barbe épais, Il possédait de fort belles juments.

Haras de Ravel.

En 1715, monsieur le marquis d'Estaing avait à son château de Ravel, paroisse de Salmerange, élection de Clermont, un haras composé de vingt juments espagnoles et auvergnates et d'un étalon espagnol.

Haras de Poliniac.

Monsieur le marquis de Miramont avait à Poliniac un haras de vingt juments auvergnates et un étalon auvergnat.

Haras de la Ponelie.

Monsieur Fraissy, avait à la Ponelie, près d'Aurillac, un haras de quarante juments d'Auvergne, un étalon barbe et un d'Auvergne, mais cet éleveur étant mort quelques années après la fondation de son établissement, tout le haras fut dispersé.

Haras de Mauriac.

Monsieur le baron d'Escovailles avait à Mauriac un haras composé de quinze juments et un étalon espagnol.

Haras de Taillandier.

Monsieur Taillandier, écuyer, secrétaire du roy, avait fondé un haras de quinze juments et d'un étalon de race d'Auvergne, dans ses quatre domaines de Crulhes-Gusonnanche, la Lambertye, la Fonte et la Chabrivis.

Haras de Crocq.

Monsieur de Labro avait à Crocq, paroisse de Picherande, élection d'Issoire, une terre où il établit un haras de quinze juments en 1720 ; il possédait à lui, un étalon auvergnat de 4 pieds 10 pouces. Monsieur de Labro avait été, dans sa jeunesse, capitaine au régiment de Piémont.

Haras de Curton.

Monsieur le marquis de Curton fonda un haras composé de vingt juments et un étalon espagnol.

Haras de Yollet.

Monsieur le marquis de Yollet fonda à son château d'Yollet, paroisse d'Entragues, près Ennezac et Riom, un haras composé d'un étalon et vingt juments d'Auvergne.

Haras du marquis d'Apchon.

Le marquis d'Apchon avait un haras comprenant vingt juments et un étalon.

Haras de Saillant.

Monsieur le marquis de Saillant avait à Sioujac et au Saillant, près Ambert, un haras composé d'un étalon et de vingt-cinq juments.

Haras de Malause.

Monsieur le marquis de Malause avait fondé à Malause, un haras de vingt juments et un étalon.

Haras de Salerne.

Monsieur le marquis de Salerne avait un haras de vingt juments et un étalon barbe.

Haras de Compains.

Monsieur le comte de Brion avait à Compains près

de Besse, élection d'Issoire, un haras de quinze juments d'Auvergne avec un étalon au roy.

Haras de St-Germain L'Herm.

Monsieur le marquis du Saulzet avait à St-Germain L'Herm, élection d'Issoire, un haras de quinze juments et d'un étalon auvergnat. Il fut remplacé par monsieur Chabrier de la Salle.

Dans les recherches faites sur le Limousin, la Marche, le pays de Combrailles, la haute et la basse Auvergne, nous n'avons trouvé dans les archives que les haras dont nous donnons le détail. Il devait y en avoir d'autres, mais toutes les archives n'étant pas classées, nous n'avons pu les vérifier. (1)

HARAS DU DÉPARTEMENT DE LA HAUTE-VIENNE

DE 1790 A 1842

Haras de Labastide.

Le haras le plus considérable de la Haute-Vienne était, sans contredit, celui de monsieur le baron de Labastide, situé au château de Labastide, près Limoges.

Les écuries reconstruites, bien distribuées, saines,

(1)Extrait des archives de Clermont et d'Aurillac.

offraient aux animaux des logements vastes et bien aérés. Chaque poulain avait une boxe et un padoock où il pouvait, quand il le voulait, prendre son exercice, car l'air est la moitié de la vie des animaux.

Ce fut en 1825 que le baron de Labastide fit venir d'Angleterre trois juments de pur sang pour modifier son haras. Ces trois mères se nommaient *Rubena, Nanny-Schands* et *Priestess*. Elles devinrent la souche de ce bel établissement.

C'était, surtout, en vue des courses que ces animaux avaient été importés. Outre ces juments anglaises, le baron possédait des limousines de vieille race et quelques juments de chasse achetées en Angleterre.

Il est sorti de ce haras des chevaux fort remarquables ; la fameuse *Vesta* y avait été élevée. Monsieur de Labastide a vendu au gouvernement beaucoup d'étalon, *Jean Bart, Hutin, Corraire* et le fameux *Jocko*.

En 1833, le haras de Labastide se composait :

1° Poulinières de pur sang anglais	3	
2° Poulinières de chasse	3	
3° 1/2 sang anglo-limousin ou limousin-arabe	7	21
4° Limousines pures	8	
5° Elèves de pur sang	9	
6° Elèves de chasse	3	48
7° Anglo-limousine	35	
8° Limousine	1	
Dont le total général est de		69

La propriété de Labastide renferme de riches et vastes prairies, qui poussent plus au gros que dans les autres parties du Limousin.

Haras de Nexon.

Pendant la Révolution, le haras de Nexon subit une dévastation complète, tout fut pris ou vendu pour les remontes de l'armée. Il ne resta, dit la chronique, qu'une seule pouliche, conservée par un honnête fermier, qui devint la souche des nouvelles poulinières, lorsque le haras fut reconstitué. De grandes améliorations ont été introduites dans cet établissement, tant pour les écuries, que pour la nourriture des animaux, qui, autrefois, suivant l'habitude de nos pères, n'avaient jusqu'à cinq ans, que l'herbe de la prairie dans les beaux jours et le foin dans l'hiver. Ils y sont de plus, dressés en âge convenable, tandis qu'au temps passé il arrivait souvent de rencontrer des chevaux, qui à l'âge de six ans n'avaient jamais été montés.

En 1839, le haras de Nexon était composé de cinq juments limousines, filles *d'Emir*, arabe ; *d'Abron* anglais; de *Wandicke*, de *Davius*, arabe; de *Mustachio* et de *Furet*, limousin, sans compter les poulinières placées dans les domaines.

Haras de Salignac.

En 1839, le haras de Salignac, situé près de

Limoges, dans le canton d'Aixe, appartenait à monsieur de Nexon de Campagne. La position de cet établissement, situé au milieu de vastes pâturages, arrosés par des eaux abondantes et limpides, au milieu d'un sol riche et fertile, donnait aux animaux qui y étaient élevés, une force et un développement assez rare en Limousin.

Monsieur de Campagne connaissait très-bien les chevaux et en élevait d'excellents, qu'il vendait pour le manège de Versailles, les écuries du roy et l'école de Saumur.

Son haras était tenu d'après les anciens principes, et il n'était pas rare d'y trouver des chevaux de cinq ou six ans qui n'avaient pas été montés. Monsieur de Campagne fournissait beaucoup d'étalons à Pompadour.

Il opérait sur la race limousine croisée par l'arabe, ou seulement arabe pur sang limousin. Ces poulinières étaient des filles de *Furet*, de *Limonin*, de *Bedouin* et quelques-unes d'*Arlequin* ou d'*Edmond*, anglais.

Haras de la Couture.

Le haras de la Couture, près Limoges, est ancien. Il y avait depuis longtemps à cette résidence une station de trois chevaux de Pompadour qui ont peuplé le pays de belles et bonnes poulinières; monsieur Mailhard de la Couture a eu, comme le baron de Labastide, recours au sang anglais, et il a acheté un certain nombre de poulinières chez le duc d'Escan.

Les pâturages de la Couture donnent aux animaux qui y sont élevés de la force et de la taille.

Ce haras se composait en 1839 de douze têtes, poulinières, pouliches et poulains. On y remarquait *Gaiety*, jument de pur sang anglais par *Abron*, *Jonquille* et *Mandane*, limousines.

Haras de St-Jean-de-Ligourre et de Marginier.

Ce haras appartenait à monsieur le comte de Royères, qui habitait une partie du vaste château de St-Jean-de-Ligourre. Il le complétait par sa succursale de Marginier. Cet établissement n'a été fondé qu'en 1807 et n'est pas du tout le vieux haras de St-Jean-de-Ligourre, dont nous verrons le détail ci-après.

En 1839, il y avait quinze poulinières qui ne manquaient pas de valeur, mais qui ne faisaient pas un tout et un ensemble régulier. C'étaient, pour la plupart, des juments limousines du sang d'*Amilca*, arabe ; de *Furet*, limousin ; de *Bagdad*, arabe ; d'*Haleby* ; de *Derviche*, arabe ; et de *Limonin*. Ce haras est tombé à la mort de monsieur le comte de Royères. Il a été repris depuis par son neveu le marquis de Coux, dont les succès sur les hippodromes ont été fort remarqués et les ventes très fructueuses.

Haras de St-Jean-de-Ligourre.

Ce haras et le vieux haras de la famille de Jumilhac St-Jean. Il est, comme nous l'avons vu, très ancien. Cette ravissante vallée de la Ligourre est prédestinée à l'élevage du cheval. Monsieur le comte de Vanteaux, qui le possédait en 1839, était devenu propriétaire de la terre de St-Jean par son mariage avec mademoiselle de Jumilhac.

Ce haras fut dévasté en 1790, comme tous ceux de France, néanmoins au bout de quelques années l'établissement fut reconstitué, et nous voyons dans la onzième année républicaine (1803), une demande faite au préfet de la Haute-Vienne par M. Joseph-Marie de Chapelle de Jumilhac, Julie-Louise et Amélie-Joséphine de Chapelle de Jumilhac, pour obtenir un étalon du haras de Pompadour, à St-Jean-de-Ligourre, un arabe ou un cheval de race distinguée. Il y avait encore à cette époque, dix-sept poulinières dans cet établissement. Monsieur le comte de Vanteaux, homme de cheval très distingué, donna à ce haras une vigoureuse impulsion. Pendant toute sa direction, St-Jean-de-Ligourre fournit des chevaux aux écuries du roi, à Versailles, à Saumur, des étalons à Pompadour et une foule de chevaux au commerce de luxe.

Nous citerons parmi les étalons, le fameux *Tancrede*, de pure race limousine, et *Emilius*, de pur sang anglais, deux chevaux hors ligne, qui à eux seuls suffirent pour illustrer un haras.

En 1834, monsieur de Vanteaux vendit à Paris un certain nombre de chevaux limousins avec de beaux bénéfices.

Il existait dans la Haute-Vienne bien d'autres haras de moindre importance, chez messieurs Nourrissart, de Bonnefond, des Courières, de Rouilhac, Mazandrieu, chevalier de la place, de Lalande, marquis de Lavergne, de Narierres, colonel de Jallais, que nous ne citerons pas.

Dans la Corrèze et la Creuse, les chevaux sont plus nombreux que dans la Haute-Vienne, mais il ne s'y rencontre pas de grands établissements comme ceux que nous venons de citer, aussi ne donnerons-nous aucun détail sur ces deux départements.

NOTES ET ECLAIRCISSEMENTS

Note 1. — Tertium est genus eorum, qui uri appellantur. Hi sunt magnitudine paulo infra elephantos ; specie et colore et figura tauri. Magna vis eorum et magna velocitas ; neque hòmini, neque feræ, quam conspexerint, pareunt. Hos studiose foreis captos interficiunt. Hoc se labore durant homines adolescentes atque hoc genere venationis exercent ; et qui plurimis ex his interfecerunt, relatis in publicum cornibus, quœ sint testimonio, magnam ferunt laudem. (1)

Note 2. — Sunt quos curriculo pulverem olympi-cum, collegisse juvat, meta que fervidis evitata rotis (Horace).

Note 3. — ..... Transmisi vobis caballum, qualem vobis sciebam esse necessarium, mansuetudine pla-cidum, membris validum, firmum robore, forma prastantem, factura compositum, animis temperatum, nec tarditate pigrum, nec velocitate proproperum, cui frenus ac stimulus sit sedentis arbitrium..... (2)

Note 4. — Festus, nundinas feriarum diem esse voluerunt antiqui, quo rustici, vendendi, mercandi, que causa, in urbem convertirent cum que ne factum, ne si liceret cum populo agi, interpellantur nundina-tores.

Note 5. — Quicumque veniet ad forum, sive ad nundinam villœ franchiœ, ex quo exierit domo suâ, qousque revertatur in eâ, salvus erit, nisi interim fore factum fecerit. (3)

Note 6. — *Etat général des étalons, juments pouli-*

(1) Commentaires de Cœsar. Guerre des Gaules, livre VI.

(2) Lettre de Ruricuis, évêque de Limoges, à Sedatus, évêque de Nismes. Theraurus de Basnage, liv. II, épit. 34, page 399.

(3) Coutumes du Berry, par Thomas de Thaumassière.

*nières, poulains et pouliches de 1580 à 1610, mort
de Henri IV.*

Les états qui suivent ont été faits sur des renseignements épars çà et là, basés sur la vente des poulains
dans les foires, le nombre et l'étendue des paccages,
leurs qualités etc... Sous Henri IV et Louis XIII,
surtout dans le commencement du règne de ce dernier roi, l'élevage était devenu très considérable, ce
n'est que vers 1630 que la baisse s'est fait sentir d'une
façon sensible et a augmenté considérablement avec
les guerres de Louis XIV. Aussi trouvons-nous dans
l'état de 1690, émanant des comptes des intendants,
une différence très forte :

La haute et la basse Auvergne renfermaient 5,800
juments poulinières, 1,709 poulains, 2,150 pouliches
et 245 étalons ;

Le Limousin avait 4,900 juments poulinières, 1,550
poulains, 1610 pouliches et 235 étalons ;

Enfin la haute et la basse Marche possédaient 2,800
juments poulinières, 950 poulains, 1,025 pouliches et
170 étalons.

Etat de 1610 à 1642, époque de la mort de Louis XIII :

La haute et la basse Auvergne avaient 6,500 juments
poulinières, 2,251 poulains, 2,001 pouliches et 260
étalons ;

Le Limousin 5,600 juments poulinières, 2,070
poulains, 2,300 pouliches et 250 étalons ;

Enfin la haute et la basse Marche donnaient 2,950 juments poulinières, 900 poulains, 1,120 pouliches et 135 étalons.

L'état de visite de 1690 donne les résultats suivants:

Généralité de Limoges : 56 étalons du roy, cavales saillies en 1690, 1,094 ; poulains et pouliches nés en 1689, 875.

Basse et haute Auvergne : Etalons du roy, 147; cavales saillies en 1690, 2,826 ; juments, poulains et pouliches nés en 1689, 1,457.

Haute Marche et Bourbonnais : Etalons du roy, 47 ; cavales saillies en 1690, 1,230 ; poulains et pouliches nés en 1689, 758.

De 1580 à 1610, comme il n'y avait pas à cette époque d'administration des haras, que les grands seigneurs vivaient encore dans leurs châteaux, ils y possédaient des haras considérables. Les étalons de tête étaient des genests d'espagne, des barbes, des étalons de la race même qui ne saillissaient pas plus de 20 à 25 juments chacun, ce qui explique le grand nombre d'étalons employés.

L'état de visite de 1690 provient des inspections des commissaires des haras adressées aux intendants. Ils ne renferment pas toutes les juments poulinières des provinces, mais seulement celles qui sont annexées aux étalons.

Note 7. — Ordonnance du roy touchant les haras des particuliers du 20 avril 1719.

24

Note 8. — En 1715 et 1716, l'état des haras était le suivant :

(Année 1715). Limousin, du Repaire, commissaire des haras, donne le relevé suivant :

Poulains et pouliches nés en 1714, 2,100 juments; saillies en 1715, 2,500 ; étalons en 1715, 57.

Dans la haute Auvergne, le commissaire de Lavandès donne en 1714, 729 poulains ou pouliches nés en 1715 ; 1,220 juments saillies et 45 étalons pour cette année.

Dans la basse Auvergne, le commissaire des haras du Chartel donne les relevés suivants :

Poulains et pouliches nés en 1714, 709 ; juments saillies en 1715, 828 ; et 35 étalons.

(Année 1716). Limousin. Du Repaire, commissaire des haras, donne l'état suivant :

Poulains et pouliches nés en 1715, 945 ; juments saillies en 1716, 2,377 ; étalons 54.

Haute Auvergne, de Lavandès, commissaire. Poulains et pouliches nés en 1715, 690; juments en 1716, 1,356 ; étalons pour 1716, 47.

Basse Auvergne, commissaire du Chartel. Poulains et pouliches nés en 1715, 478 ; juments saillies en 1716, 653 ; et 31 étalons pour 1716.

Nous remarquerons sur ces états des années de 1715 et 1716, une augmentation considérable des poulinières en Limousin. Depuis 1700, de nombreux haras avaient été formés par des particuliers dans cette province.

Les encouragements donnés par les haras produisirent le meilleur effet, et le nombre des poulinières augmente chaque année jusqu'à la révolution, époque où une nouvelle diminution a lieu par les réquisitions et la privation des étalons de l'Etat.

Note 9. — Etat de l'année 1789 :

Limousin et basse Marche fournissaient 7,800 juments poulinières, 2,420 poulains, 2,840 pouliches et 370 étalons au roy ou aux particuliers.

Haute et basse Auvergne 6,650 juments poulinières, 2,001 poulains, 2,210 pouliches, et 220 étalons au roy ou aux particuliers.

Hâute Marche donnait 670 juments poulinières, 200 poulains, 180 pouliches, 30 étalons au roy ou aux particuliers.

Le nombre des étalons était de 620, celui des poulinières de 15,120, cela donnait 24 juments en moyenne par étalon. Pompadour avait 70 étalons au haras, 160 royaux, disséminés chez les gardes et 140 reconnus ou approuvés.

Note 10. — (1779). Procès-verbal de la première visite des haras du département, de monsieur de Lostende :

LIMOUSIN ET BASSE MARCHE.

Paroisse de Limoges. (Brigeuil, garde-étalons). —

1 étalon royal, *Sommerville*, anglais, 4 p. 10 p., 12 ans, gris, belle qualité.

Paroisse de St-Priest-Taurion. (Fournier, garde). — 1 étalon royal, *Vigoureux*, limousin, 4 p. 9 p., 5 ans, alezan, bon.

Paroisse de St-Junien. (Pranaux, garde). — 1 étalon royal, *le Fanois*, barbe, 4 p. 10 p., 11 ans, gris, bon.

Paroisse de Veyrat. (Vᵉ Paret, garde). — 1 étalon royal, espagnol, 4 p. 9 p., 16 ans, noir, bon.

ELECTION DE BOURGANEUF.

Paroisse de Chaurois. (Sieur du Breuilh, garde). — 1 étalon royal, *Newcastle*, anglais, 4 p. 10 p., 7 ans, bai, bon.

BASSE MARCHE.

Paroisse de la Souterraine. (Gaillard, garde). — 1 étalon royal, *Vizir*, barbe, 4 p. 9 p., 11 ans, blanc, bon.

Paroisse de St-Priest-Betoux. (Du Ferrieux, garde). — 1 étalon royal, moldave, 4 p. 10 p., 13 ans, bai, bon.

Paroisse de Dimat. (Bouquet, garde). — 1 étalon royal, *le Mastinet*, limousin, 4 p. 9 p., 6 ans, bai-brun, bon.

Paroisse de Bellac. (Goutepassion, garde). — 1 étalon royal, *l'Ajean*, barbe, 4 p. 9 p., 8 ans, bai, bon.

Paroisse de Blond. (Lagalerie, garde). — 1 étalon royal, *l'Aimable*, limousin, 4 p. 10 p., 6 ans, bai, bon.

Paroisse de Berrines. (Marquis de Monime garde). — 1 étalon royal, *le Fanfaron*, limousin, 4 p. 10 p., 8 ans, bai, bon.

Paroisse de Bourg-Salagnac. (Lavaud, garde). — 1 étalon royal, *le Chevreuil*, limousin, 4 p. 10 p., 7 ans, bai, bon.

Paroisse de Magnac-Laval. (Aude-Laval, garde). — 1 étalon royal, *Augrois*, 4 p. 10 p., 13 ans, bai, bon.

Paroisse de Roussac. (Clavaud, garde). — 1 étalon royal, *le Sincère*, espagnol, 4 p. 10 p., 15 ans, gris, bon.

Paroisse de St-Martial-en-Barbon. (Texier, garde). — 1 étalon royal, *le Trompeur*, limousin, 4 p. 10 p., 8 ans, gris, bon.

Paroisse de Droux. (Bosmos, garde). — 1 étalon royal, *le Rivaud*, limousin, 4 p. 10 p., 6 ans, bai, bon.

Paroisse d'Aixe. (Vᵉ Broune). — 1 étalon royal, limousin, 4 p. 10 p., 5 ans, bai, bon.

Paroisse de Serilhac. (De St-Abre, garde). — 1 étalon royal, *le Zéphyr*, tartare, 4 p. 10 p., 13 ans, bai, bon.

Paroisse de Flavignac. (De Faye, garde). — 1 étalon royal, *le Sensible*, barbe, 4 p. 9 p., 9 ans, gris, bon.

Paroisse de Gore. (Des Nouches, garde). — 1 étalon royal, *le Rat*, limousin, 4 p. 9 p., 16 ans, noir, bon.

Paroisse de St-Martin. (Niver, garde). — 1 étalon royal, *le Backa*, turk, 4 p. 10 p., 13 ans, bai, bon.

Paroisse de St-Maurice. (Mandard, garde). — 1 étalon royal, *le Courayeux*, espagnol, 4 p. 10 p., 19 ans, bai, bon.

Paroisse de Bussière-Galland. (Fargeas, garde). — 1 étalon royal, *le Duc*, limousin, 4 p. 10 p., 9 ans, bai, médiocre.

Paroisse de Pierre-Buffière. (Vergnaud, garde). — 1 étalon royal, *Cardinal Pouf*, anglais, 4 p. 9 p., 8 ans, bai-brun, bon.

Paroisse de St-Jean-Ligourre. (De St-Jean, garde). — 1 étalon royal, *l'Empereur*, turk, 4 p. 10 p., 13 ans, alezan, bon.

Paroisse de Nexon. (De Nexon, garde). — 1 étalon royal, *l'Andaloux*, espagnol, 4 p. 9 p., 8 ans, bai-brun, bon.

Paroisse de Nexon. (De Lignac, garde). — 1 étalon royal, *Monarque*, tartare, 4 p. 11 p., 14 ans, bai, bon.

Paroisse de St-Germain. (Leperre, garde). — 1 étalon royal, *le Grandy*, anglais, 5 p., 9 ans, bai, bon.

Paroisse de la Porcherie. (Labadie, garde). — 1 étalon royal, *l'Ami*, tartare, 4 p. 10 p., 12 ans, bai, bon.

Paroisse de la Porcherie. (Labadie, garde). — 1 étalon royal, *le Médiateur*, limousin, 4 p. 7 p., 9 ans, gris, bon.

Paroisse d'Ejaux. (Dinemartin, garde). — 1 étalon royal, *le Déterminé*, limousin, 4 p. 10 p., 11 ans, bai-brun, bon.

Paroisse de Vicq. (Breuil, garde).— 1 étalon royal, *le Vizir*, turk, 4 p. 10 p., 13 ans, alezan, bon.

Paroisse de St-Hilaire. (Lafarge, garde). — 1 étalon royal, barbe, 4 p. 10 p., 5 ans, gris, bon.

Paroisse de St-Domnolet. (Dumavoine, garde). — 1 étalon approuvé, *le Hardy*, barbe, 4 p. 10 p., 10 ans, alezan, bon.

Paroisse de Peisac. (M. du Saillent, garde). — 1 étalon approuvé, *le Général*, espagnol, 4 p. 10 p., 16 ans, bai, bon.

Paroisse de Chateau. (De Tourdonnet, garde). — 1 étalon approuvé, barbe, 4 p. 10 p., 6 ans, bai, bon.

Paroisse de le Vigen. (Donnet, garde). — 1 étalon royal, *le Taureau*, limousin, 4 p. 10 p., 6 ans, bai, bon.

Paroisse de Salagnac. (Bousson, garde). — 1 étalon royal, *le Ferrarcher*, barbe, 4 p. 10 p., 17 ans, blanc, bon.

Paroisse de St-Trié. (De Dalon, garde). — 1 étalon royal, *l'Intrépide*, limousin, 4 p. 10 p., 16 ans, bai, bon.

ÉLECTION DE TULLE.

Paroisse d'Ussel. (Bernard, garde). — 1 étalon royal, limousin, 4 p. 10 p., 14 ans, bai, bon.

Paroisse de Neuvic. (Durigean, garde). — 1 étalon royal, *l'Oiseau*, limousin, 4 p. 6 p., 8 ans, gris, bon.

Paroisse de St-Exuper. (Montlouis, garde). — 1

étalon royal, *le Favori*, limousin, 4 p. 10 p., 14 ans, gris, bon.

Paroisse d'Aigurande. (Simonnet, garde). — 1 étalon royal, *le Hussard*, polonais, 5 p., 17 ans, bai, bon.

Paroisse de St-Julien. (Delsort, garde). — 1 étalon royal, *le Sensible*, limousin, 4 p. 10 p., 11 ans, bai, bon.

ÉLECTION DE BRIVES.

Paroisse de la Graulière. (Lafajeroie, garde). — 1 étalon royal, limousin, 4 p. 10 p., 6 ans, bai, bon.

Paroisse de St-Hilaire. (Lafajeroie, garde). — 1 étalon royal, *l'Empereur*, limousin. 4 p. 6 p. 8 ans, bai-brun, bon.

Paroisse de Pierrefitte. (Vialle, garde). — 1 étalon approuvé, limousin, 4 p. 10 p., 15 ans, bai, bon.

Paroisse de Monceau.(Du Pradel,garde).— 1 étalon royal, *le Courageux*, barbe, 4 p. 10 p., 18 ans, blanc, bon.

Paroisse de Curmente. (Dumas, garde). — 1 étalon approuvé, *le Vicomte*, limousin, 4 p. 10 p., 18 ans, bai, bon.

Paroisse de Curmente. (Dumas, garde). — 1 étalon royal, *le Plaisant*, anglais, 4 p. 10 p., 16 ans, bai, bon.

Paroisse de St-Ibard. (Chaufour, garde). — 1 étalon royal, *le Cumberland*, anglais, 4 p. 10 p., 16 ans, blanc, bon.

RELEVÉ GÉNÉRAL

Limousins	22
Barbes	9
Turcks	3
Anglais	7
Espagnols	5
Polonais	1
Moldave et Tartare	4
Total	51 (1)

Il existe sur ce relevé de 51 étalons, 46 étalons royaux et 5 approuvés, ils appartiennent à huit races différentes.

La visite de 1783 donne 68 étalons royaux ainsi classés d'après leurs races :

Arabes	3
Limousins	24
Barbes	3
Turks	2
Anglais	15
Espagnols	2
Arabes-limousins, barbes-limousins, limousins-espagnols,	19
Total	68

Nous retrouvons, parmi les étalons anglais, les chevaux achetés en Angleterre par ordre du prince de

(1) Extrait des archives de Limoges.

Lambesc, grand écuyer de France. Ils étaient fortement membrés, d'un sang précieux, et ont donné des
résultats excellents en Limousin. C'est à cette époque
aussi, qu'on vit paraître les fameux arabes, *Houlou*,
Emir, *Seraph* et le précieux *Derviche*. A Tulle et à
Limoges on ne retrouve que peu d'états d'étalons et
de juments aux archives.

Les années suivantes, le nombre des étalons ne fit
que s'accroître jusqu'à la Révolution. (1)

Note 11. — Arrêt du 28 janvier 1764 du Conseil du
roy, enregistré à la Chambre des comptes, le 19 mars
1764, par lequel Sa Majesté a réuni la direction
générale et surintendance des haras de Normandie,
Limousin et Auvergne, à l'état et office de grand
écuyer de France.

Note 12. — Arrêt de 1769, qui accorde des fonds
au grand écuyer de la maison du roy, pour le service
des haras de Normandie, Limousin et Auvergne.

Note 13. — (1725). Arrêt du Conseil d'Etat du roy,
touchant les haras des particuliers d'Auvergne du 1er
mai 1725.

Des propriétaires d'Auvergne ayant offert de créer
des haras, à la condition qu'il leur serait diminué de
dix à quinze livres sur leur taille, par *chaque jument ;*
ces privilèges, quoique considérables, n'ayant rien

(1) Archives de Limoges

produit, parce que les animaux étaient mal choisis, le roy prit un arrêt, qui annule tous les traités faits entre les propriétaires et les intendants d'Auvergne, dit qu'à l'avenir ils seront portés à la taille, et accorde à ceux qui conserveront leurs haras, 50 livres de leur taille et en outre les privilèges accordés aux gardes-étalons, suivant le règlement du 22 février 1717. (1)

Note 14. — Nomination de garde-haras, année 1719 :

Au nom du roy, nous Jean de Berulle, chevalier, seigneur et vicomte de Guiencourt, conseiller du roy, nommons le sieur Antoine Herault, commissaire particulier au bureau de Mauriac, pour l'inspection de garde-haras, dit qu'il sera chargé de leur visite, de celles des cavales, de la coupe des poulains ou chevaux entiers, qu'il trouvera dans son inspection, dit qu'il sera toujours, à cet effet, accompagné d'un archer et de deux hommes pour lui donner assistance. (2)

Note 15. — Approbation d'un étalon, nomination d'un garde-étalon du 28 septembre 1774 :

De par le roy, Jean de Pont, chevalier, seigneur de Manderoux, Forges et autres lieux, conseiller du roy, maître des requêtes en la Généralité de Moulins ;

Sa Majesté nous ayant confié le soin des haras dans toute l'étendue de notre département et chargé du

(1) Extrait des archives de Clermont.
(2) Extrait des archives de Clermont.

choix des subjets capables de faire des étalons, nous avons été informé par le nommé François La Chambre, demeurant en la paroisse de St-Silvain d'Ahun, élection de Guéret, qu'il a un cheval sous poil bai, âgé de six ans, de hauteur de 4 pieds 11 pouces, d'un moule et d'une tournure à produire de belles races et qu'il désirerait avoir notre permission de le tenir à titre de garde-étalon pour le service des juments de son canton ;

Vu le certificat donné en faveur du sieur La Chambre, par le sieur Rouganne, commissaire-inspecteur des haras au département de Guéret, portant que le cheval a toutes les qualités requises et que ledit La Chambre est très capable d'en prendre un soin tout particulier, que d'ailleurs dans sa paroisse ou celles environnantes, il se trouve de fort belles juments, de taille à produire de bons poulains, que les pâturages y sont bons et en quantité suffisante ;

Nous avons, en vertu des pouvoirs qui nous sont attribués par le règlement de Sa Majesté du 22 février 1717, approuvé le dit étalon pour la commodité publique.

Ordonnons que le sieur La Chambre sera, par nous, taxé d'office à la taille, à la proportion de ses terres et exploitation et non pour la commission de garde-étalon et profit qu'il y pourra faire, qu'il jouira de l'exemption de la collecte des tailles, de l'impôt du sel, capitation, dixième et autres recouvrements pour quelqu'objet que ce puisse être, exemption de tutelle et curatelle, garde des villes, logement des gens de guerre, de toute charge publique ou municipale, exemption de corvées, soit pour chemins publics ou conduite des vivres de la troupe ; cette exemption portait sur la personne du propriétaire, celle de son cheval, ses enfants et le domestique qui en prendra soin.

Jouira de trois livres et d'un boisseau d'avoine pour le saut de chaque jument. Le dit La Chambre est en outre exempt de l'enregistrement de la présente commission.

Il devra exécuter tout ce qui lui sera commandé par le sieur Rouganne, commissaire-inspecteur. (Déclaration du roy du 22 septembre 1709). (1)

ÉTAT DES GARDES-ÉTALONS
ANNÉE 1778. — CHATELLUX.

—

Seguy de Lavaud, garde-étalon, exploitant le domaine du château.

ÉLECTION DE GUÉRET.

Claude de la Porte, garde-haras. Collecte d'Aubusson 1773.

(1) Archives de Limoges.

Pierre Barbat, garde-haras. Collecte d'Aubusson 1773 à 1777.

Desjobert, garde-étalon. Collecte de Beleste-Ecosse 1773.

Guerin Jean-Baptiste, garde-étalon au château Collens de Chatilhy, 1773.

Bandy de Lachaud, garde-étalon. Collecte de Felletin 1773 à 1777.

Jagot de la Planche, garde-étalon. Collecte de Gentioux 1773 à 1777.

Coutisson Du Mas, garde-étalon. Collecte de Gentioux 1773 à 1777.

Jean Tixier, garde-étalon. Collecte de Ladapeyre, 1773 à 1777.

Pierre Gloumeau, garde-étalon. Collecte de la Saunière 1773 à 1777.

Léonard Rousseau, garde-étalon. Collecte de Maison-Neuve 1773 à 1777.

Girois, garde-étalon. Collecte de Moutier-d'Ahun, 1773 à 1777.

Venturoux Silvain, garde-étalon. Collecte de Moutier d'Ahun 1773 à 1777.

Jean Bouchon et Jean Paroton, gardes-étalon. Collecte de St-Dizier-les-Domaines 1773.

Jean Menot, garde-étalon. Collecte de St-Médard 1773 à 1777.

Bourgelat, garde-étalon. Collecte d'Ahun 1773.

François La Chambre, garde-étalon. Collecte d'Ahun 1773.

Antoine Jarrijon, au Rateau, garde-étalon. Collecte de Bonnat 1777.

Seguy de Lavaud, garde-étalon. Collecte de Chatilhy 1777.

Jean Chaumont, garde-étalon. Collecte de Cheniers, 1777.

Perret Jean, garde-étalon. Collecte de Genouillac 1777.

Charles Petit, garde-étalon. Collecte de Issoudun 1777.

Louis Colas, garde-étalon. Collecte de la Chapelle-St-Martial 1777.

Blondet Louis, garde-étalon. Collecte de Lourdoueix-St-Pierre 1777.

Léonard Dounet, garde-étalon. Collecte de Peyrat-la-Nonière 1777.

Léonard Lhéritier, garde-étalon. Collecte de Peyrat 1777.

Combredet Jean, garde-étalon. Collecte de St-Avic-le-Pauvre 1777.

Léonard Roy, garde-étalon. Collecte de St-Marc Afrognier 1777.

Jean Monneyrat, garde-étalon. Collecte de St-Pardoux-des-Cars 1777.

Blaise Pangaud, garde-étalon. Collecte de St-Quentin, à la métairie de M. de la Rochebriant 1777. (1)

Note 17. — Etats des étalons du roy, ou de ceux

(1) Extrait des archives du greffe de Guéret. Election.

approuvés dans la haute et basse Auvergne, ainsi que
des juments saillies, des poulains et pouliches nés de
1714 à 1769 :

(1714). Haute Auvergne.

Etalons du roy	2	41
approuvés	39	
Juments saillies		399
Poulains nés	201	317
Pouliches nées	116	

(1715). Haute Auvergne. Etalons. 38

3 Limousins
3 Arabes
17 Espagnols
15 d'Auvergne
} 38

(1716). Procès-verbal des haras de la haute Auvergne, par le commissaire de Lanaudès :

Etalons du roy	2	49
approuvés	47	

Haute Auvergne. Limousins 3, Barbes 4, Espagnols
11, Auvergne 26, Normands 2, Bretons 1, Poitou 1,
Anglais 1. Total 49.

(1719). Haute Auvergne. Etalons, juments, poulains, pouliches.

Haute Auvergne. Limousins 2, Espagnols 12, Auvergnats 16, Barbes 6, Normands 1, Poitou 1, Allemands 1. Total 39, poulinières 1,470, poulains 524,
pouliches 275.

(1720). Haute et basse Auvergne. 131 étalons du
roy ou approuvés :

Haute et basse Auvergne. Espagnols 35, Auver-

gnats 50, Limousins 16, Barbes 18, Normands 3,
Anglais 3, Poitou 3, Allemands 3. Total 131. Poulinières 2,720, poulains 1,001, pouliches 746.

(1722). Haute et basse Auvergne. 125 étalons du
roy ou approuvés :

Haute et basse Auvergne. Espagnols 33, Auvergnats
47, Limousins 15, Barbes 18, Normands 3, Anglais 3,
Poitou 3, Allemands 3. Total 125. Poulinières 2,515,
poulains 966, pouliches 710.

Les années de 1722 à 1769 ne varient guère, soit
pour les étalons de 120 à 125 environ, pour les poulinières, dans la haute et basse Auvergne, de 5,545 à
5,700, et pour les naissances de 3,500 à 3,800. (1)

Note 18. — (1733). Beaucoup de grands seigneurs,
des plus grandes maisons, envoyaient tous les ans
leurs écuyers chercher des chevaux en Limousin ou
Marche, aux foires de Chalus, Limoges, ou Madeleine-en-Roche, pour le service de la chasse. (2)

Note 19. — Il est utile de placer 50 belles juments
dans la haute Marche. (3)

Note 20. — Etat de l'Auvergne chevaline en 1754 :

Election de Clermont : chevaux entiers 130, hongres
3,621, poulains 1,194, poulinières juments 3,645, pou-

(1) Archives de Clermont.
(2) Extrait de la correspondance des intendants, 1740.
(3) Archives de l'école des Chartes.

liches 1,085, étalons du roy 76, étalons approuvés 45.

Election de Riom: chevaux entiers 24, hongres 942, poulains 451, poulinières juments 1,146, pouliches 298.

Election d'Issoire : chevaux entiers 8, hongres 1,034, poulains 113, poulinières juments 1,330, pouliches 118.

Election de St-Flour : chevaux entiers 2, hongres 469, poulains 206, poulinières juments 1,435, pouliches 130.

Election de Brioude: chevaux entiers 12, hongres 326, poulains 105, poulinières juments 2,599, pouliches 120.

Election de Mauriac : chevaux entiers 7, hongres 647, poulains 394, poulinières juments 2,371, pouliches 415.

Election d'Aurillac: chevaux entiers 1, hongres 684, poulains 582, poulinières juments 2,494, pouliches 768.

Soit au total : 184 chevaux entiers, 7,711 hongres, 3,045 poulains, 15,018 poulinières juments, 2,934 pouliches, 76 étalons du roy, 45 étalons approuvés.

Note 21. — Limousin 1760. Etat des gratifications accordées sur la capilation de 1760 à messieurs les gentilhommes qui tiennent des haras et aux gardes-étalons: (1)

1 A monsieur d'Aubusson de la Feuillade, pour

(1) Généralité de Limoges.

son haras composé de dix juments, à raison de 24
livres l'une, 240 fr.

2 A M. le marquis de Lavergne, 8 juments, 192 »
3 A M. de Faye, 15 juments, 360 »
4 A M. de St-Abre, 14 juments, 336 »
5 A M. le comte de Lubersac, 10 juments, 240 »
6 A M. du Saillant de Lavergne, 10 juments, 240 »
7 A M. le comte du Saillant, 10 juments, 240 »
8 Madame veuve Reculès, à Limoges, 60 »
9 M. Bourdeau de Juillac, (St-Christophe), 60 »
10 M. de Rochebrune (Faytiat), 60 »
11 M. Dinemartin (Ejoux), 60 »
12 M. Labadie (la Porcherie), 60 »
13 M. Leynene (St-Germain ville), 60 »
14 M. Vergniaud (Magnac), 60 »

15 M. Brandy de Lespinatz (St-Pardoux-en-Lu-
bersac), 60 fr.

16 M. Dumont (St-Val), 60 »

17 M. Sarrazin du Ponceau (Salagnac-les-Limou-
sins), 60 fr.

18 M. du Saillant (Paysac), 60 »
19 M. Gentil de la Cour (St-Yrieix ville) 60 »
20 M. Mazard de Laurière (la Rochette), 60 »
21 M. Mallerbeau à Salignac-Enclave, 60 »
22 M. Rebeyros (Lameize), 60 »
23 M. Lafarge (St-Hilaire-les-Tours), 60 »
24 M. Mandard (St-Maurice), 60 »
25 M. le Cte de St-Jean (St-Jean-Ligourre), 240 »
26 M. Brousse (aux Ville), 24 »

27 M. Daudet (St-Martinet),   24 »

28 M. de Faye (Flavinas),   240 »

29 M. Fleurac de la Vaissière (Payers).   24 »

30 M. Moreau de Viguières (Montchaly   24 »

31 M. Barbe Lacoste (Gorre),   24 »

32 M. Quichard (St-Junien),   24 »

33 M. Pierre Janton (Veyrat),   24 »

34 M. Marcoult de la Prevalière (Arnac-la-Poste),   24 fr.

35 M. Beauquet (la Bazeuge),   24 »

36 M. Gouttepaignon (Bellac),   24 »

37 M. Pierre la Galerie (Blond),   24 »

38 M. le marquis de Bagnac (St-Bonnet, près Bellac),   240 fr.

39 La Pierre du Bonvalet (Arnac près le Dorat), 24 »

40 M. de Lobeylac (Pompadour),   120 »

41 M. de Boisseuil (Boisseuil),   48 »

42 M. le marquis d'Aubusson de la Feuillade (St-Dizier),   240 fr.

Aux gardes-étalons qui ont en remplacement de beaux poulains de 2 et 3 ans :

1 De la Biche, à St-Paul

2 Fougeoles, à Châteauneuf

3 Cruveilher, à Magnac

4 Garraud, à Dournazac

5 Praneuf, à St-Junien   30 fr.

6 Dumas, à Juillac

7 Veuve Rochon, à Mallemort

8 Bouillières, à Treignat

9 Buisson, à St-Junien de Chenix

Aux gardes dont les chevaux sont à remplacer :

1 Marquis de Tourdonnet, à Vic
2 Imbert de Berulle, à Coussac-Bonneval
3 Laborderie, à St-Yrieix ville
4 De Cheyroux, à St-Eloi
5 Le marquis de Cromont, à la Souterraine ⎰ 24 f.
6 Prunières, à St-Martial-en-Bardon
7 De Léobardy du Mazeau, à Bessines
8 Pierre Maurice, à Fontlaireau
9 François Aguesseau, à Cressat (1)

Note 22. — Année 1779.

ÉTAT DE LA REVUE FAITE A PIERRE-BUFFIÈRE

EN BAS LIMOUSIN.

40 juments à 20 livres,	800	
20 juments à 12 livres,	240	1220 fr.
30 juments à 6 livres,	180	
le plus beau poulain de 18 mois	200	
le deuxième	100	350 fr.
le troisième	50	
la plus belle pouliche de 18 mois	50	
la seconde	30	100 fr.
la troisième	20	
la plus belle poulinière	100	
la deuxième	60	110 fr.
la troisième	40	

Les six plus beaux produits des étalons
du roy, 60 fr. soit,   360 fr.

ÉTAT DE LA VISITE DES PLACES.

40 juments à 20 livres	800	
20 juments à 12 livres	240	1160 fr.
20 juments à 6 livres	120	

(1) Extrait des archives de Limoges.

le plus beau poulain de 18 mois	200	
le deuxième	100	350 fr.
le troisième	50	

la plus belle pouliche de 18 mois	50	
la deuxième	30	100 fr.
la troisième	20	

la plus belle poulinière suitée	100	
la deuxième	60	200 fr.
la troisième	40	

Les six plus beaux poulains d'étalons du roy	60	360 fr.

ÉTAT DE LA REVUE DE POMPADOUR.

20 juments à 20 fr.	400	
10 juments à 12 fr.	120	580 fr.
10 juments à 6 fr.	60	

le plus beau poulain de 18 mois	200	
le deuxième	100	350 fr.
le troisième	50	

la plus belle pouliche de 18 mois	50	
la deuxième	30	100 fr.
la troisième	20	

la meilleure poulinière suitée	100	
la deuxième	60	200 fr.
la troisième	40	

Les six plus belles productions des étalons du roy à	60	360 fr.

REVUES DE LA BASSE MARCHE

LA SOUTERRAINE.

40 juments à 20 fr.	800	
40 juments à 12 fr.	480	1430 fr.
25 juments à 6 fr.	150	

le plus beau poulain de 18 mois   200 }
le deuxième   100 } 350 fr.
le troisième   50 }

la plus belle pouliche de 18 mois 50 }
la deuxième   30 } 100 fr.
la troisième   20 }

la plus belle poulinière suitée   100 }
la deuxième   60 } 200 fr.
la troisième   40 }

Aux six meilleures productions d'étalons du roy   60   360 fr.

REVUE DE BELLAC.

40 juments à 20 fr.   800 }
40 juments à 12 fr.   480 } 1430 fr.
25 juments à 6 fr.   150 }

le plus beau poulain de 18 mois   200 }
le deuxième   100 } 350 fr.
le troisième   50 }

la plus belle pouliche de 18 mois 50 }
la deuxième   30 } 100 fr.
la troisième   20 }

la plus belle poulinière suitée   100 }
la deuxième   60 } 200 fr.
la troisième   40 }

Aux six plus belles productions d'étalons du roy (1).   60   360 fr.

Nota : On trouvera sans doute étonnant que les poulains entiers soient plus récompensés que les

(1) Extrait des archives de Limoges.

belles pouliches. On avait à cette époque un motif : exciter l'élevage des beaux poulains, issus d'étalons du roy, pour trouver parmi eux une remonte facile d'étalons.

Note 23. — Etat des officiers des haras avant 1789 :

Les Généralités étaient elles-mêmes divisées en départements des haras.

1686. Le sieur du Lut, inspecteur pour le Bourbonnais, la haute Marche et le pays de Combrailles, à 1,200 livres par an.

1700. De Fangousse, commissaire-inspecteur en haute Auvergne.

1700. De Rioux, commissaire-inspecteur en basse Auvergne.

1700. Le baron de Tarnac, commissaire-inspecteur à Limoges.

1701. Du Repaire de Sainsac, remplace le baron de Tarnac, mort en 1701, grâce à la protection du duc de Larochefoucauld.

1709. De Lavandès, commissaire des haras en Auvergne.

De 1721 à 1736. Anthoine du Chastel, écuyer, seigneur de Murat, commissaire-inspecteur dans les élections de Riom, Issoire, Clermont et Brioude.

1729. Le chevalier de Requiran, commissaire-inspecteur à St-Flour.

1728. Le comte de Lavergne du Saillant, commissaire-inspecteur des haras en Limousin.

1742. Le comte de Sedaiges, inspecteur en Auvergne.

1742. De Tournemine, sous-inspecteur en Auvergne.

1763. Le marquis de Tourdonnet, chargé de la direction du Limousin et de l'Auvergne.

1763. Mailhard de la Couture, commissaire-inspecteur du haut Limousin et de la basse Marche.

1763. De Jounineau, inspecteur du bas Limousin et de Pompadour.

1779. De Lostende, inspecteur.

1779. De Beaune de La Fragne, administrateur du haras de Pompadour.

De 1796 à 1878, les directeurs de Pompadour sont :
1796, de Seltot.
1806, Thiroux,
     de Boisscuille.
     de Bonneval.
     le commandeur de Fargues.
     de Sedaiges.
     Mangeon.
     de Bouy.
     de Lespinatz.
     Gayot.
     de Saunhac.
     de Genestal.

de Fontrobert.

de Lagrange.

Note 24. — Officiers du dépôt de Parentignat de 1816 à 1831 :

de Sedaiges
d'Arbaud
Graverot de Longchamps
de Vaulgrenant

} directeurs

de Lastic
de Narbonne
de Mallet
de Chambrun

} agents spéciaux. (1)

Note 25. — Officiers du dépôt d'Aurillac de 1806 à 1878 :

L'état demandé des officiers d'Aurillac ne nous ayant pas été fourni, nous nous sommes vus dans la nécessité de ne pas le publier.

Note 26. — En 1801, il n'y avait dans la Haute-Vienne que neuf étalons ainsi répartis et 224 juments :

A Laforge, commune de Nexon, 1 étalon, 10 juments de bonne race, 20 juments ordinaires.

A la Plaine, commune de Janaillac, 1 étalon, 13 juments de bonne race, 13 juments ordinaires.

A St-Jean-de-Ligourre, 1 étalon, 17 juments de bonne race, 17 juments ordinaires.

Au Vigen, arrondissement de Limoges, 2 étalons,

(1) Dû à la complaisance de M. le Comte de Lastic.

18 juments de bonne race, 18 juments ordinaires.

A Aigueperse, commune de St-Paul, 1 étalon, 6 juments de bonne race, 14 juments ordinaires.

A la Couture, commune de Limoges, 2 étalons, 13 juments de bonne race, 25 juments ordinaires.

A Rochechouart, 1 étalon.

A Brignac près St-Léonard, 1 étalon, 10 juments de bonne race, 30 juments ordinaires.

Soit au total : 9 étalons, 87 juments de bonne race, 137 juments ordinaires. (1)

Note 27. — Etat de la ferme des Templiers à Caen, en 1307, 1308.

		Total des animaux de toutes espèces
Bêtes à cornes	113	
Moutons et brebis	1179	1499
Porcs	150	
Chevaux (2)	57	

(1) Extrait des archives de Limoges.
(2) Extrait des archives de Caen.

R.F. BIBLIOTHÈQUE NATIONALE IMPRIMÉS

FIN

TABLE DES MATIÈRES

CONTENUES DANS CE VOLUME

BIBLIOTHÈQUE NATIONALE
R.F.
IMPRIMÉS